V. G. Boltjanskij/V. A. Efremovič
Anschauliche kombinatorische Topologie

Vorwort der Übersetzer

Die Topologie ist ein wichtiger Zweig der Mathematik, und die aus ihr entstehenden Methoden haben viele Anwendungen in anderen mathematischen Gebieten, so z. B. der Algebra und der Analysis. Ebenso lassen sich einige physikalische Erscheinungen mit Hilfe topologischer Methoden beschreiben. Im vorliegenden Büchlein ist das sehr schön am Fall nematischer Flüssigkristalle dargestellt.

Die Topologie ist eine weit entwickelte Theorie, die sich komplizierter Methoden bedient. Dabei sind häufig die Ausgangsideen, die meist einen sehr anschaulichen Hintergrund haben, nicht mehr erkennbar. Das erschwert es besonders Anfängern, sich in dieses mathematische Gebiet einzuarbeiten. Um so erfreulicher ist es, daß hier ein Buch vorliegt, in dem für eine Reihe von topologischen Methoden die Grundideen klar herausgearbeitet werden. Diese werden dann an einer Vielzahl von Beispielen und Übungsaufgaben vertieft.

Wir hatten Gelegenheit, etwa zwei Drittel dieses Buches im Rahmen eines mathematischen Zirkels mit Schülern einer zehnten Klasse durchzuarbeiten. Dabei konnten wir feststellen, daß die Schüler durchaus in der Lage waren, den im Buch behandelten Stoff zu verstehen und die im Text gestellten Übungsaufgaben zu lösen.

Das Buch wendet sich an alle, die etwas über Topologie erfahren möchten. Es werden nur sehr wenig mathematische Kenntnisse vorausgesetzt. So scheint es besonders für Studenten der ersten Studienjahre sowie mathematisch interessierte Schüler höherer Klassen geeignet zu sein.

Wir haben uns erlaubt, dem Buch ein Sachwortverzeichnis anzufügen, um das Lesen zu erleichtern.

Wir danken Herrn Dr. habil. G. Bothe für eine Reihe fachlicher Hinweise sowie der Lektorin des VEB Deutscher Verlag der Wissenschaften, Frau E. Arndt, für ihre Hilfe und gute Zusammenarbeit bei der Übersetzung.

Berlin, im Frühjahr 1986   Detlef Seese
                                                Martin Weese

Vorwort des Redakteurs der russischen Ausgabe

Die einfachen Grundbegriffe der Topologie beruhen auf Beobachtungen realer Sachverhalte. Offensichtlich kann man die geometrischen Eigenschaften einer Figur nicht allein durch die Angabe ihrer metrischen Größen (wie z. B. Abmessungen, Winkel) erfassen. Es verbleibt noch etwas außerhalb der Grenzen der alten Geometrie. So kann eine Kurve (ein Seil, ein Draht, ein langes Molekül) nicht allein durch ihre Länge beschrieben werden. Sie kann geschlossen sein oder auch nicht; wenn sie geschlossen ist, kann sie auf komplizierte Art „verknotet" sein. Zwei oder mehrere geschlossene Kurven können miteinander verkettet sein, und hierbei gibt es verschiedene Möglichkeiten. Körper und ihre Oberflächen können Löcher haben. Diese Eigenschaften von Körpern sind dadurch charakterisiert, daß sie sich bei solchen Deformationen nicht ändern, die man durch Verzerrungen erhalten kann. Bei diesen Verzerrungen dürfen die Figuren nicht zerschnitten werden. Solche Eigenschaften werden auch topologisch genannt. Nicht nur die elementargeometrischen Figuren besitzen topologische Eigenschaften, sondern auch viele rein mathematische Objekte. Hierauf beruht die Bedeutung der Topologie.

Es ist leichter, die Existenz topologischer Eigenschaften einer Figur festzustellen, als eine Berechnungsmöglichkeit zu schaffen, d. h. ein Gebiet der Mathematik zu entwickeln, das exakte Begriffe, strenge Gesetze und Methoden sowie mathematische Formeln zur Darstellung der topologischen Größen besitzt.

Die ersten wichtigen Entdeckungen und exakten topologischen Beziehungen wurden schon von EULER, GAUSS und RIEMANN gefunden. Jedoch kann man ohne Übertreibung sagen, daß die Topologie als eigenständiges Wissenschaftsgebiet Ende des 19. Jahrhunderts von HENRI POINCARÉ geschaffen wurde. Der Entwicklungsprozeß der Topologie und die Lösung ihrer inneren Probleme erwies sich als schwierig und langwierig. Dieser Zeitraum dauerte 70 bis 80 Jahre. Es wurden viele Entdeckungen gemacht, die in einer Reihe von Fällen zu einer Revision der Grundlagen führten. An dieser Entwicklung nahmen mehrere der bedeutendsten Mathematiker ihrer Zeit teil.[1] Etwa bis zum Ende der fünfziger Jahre wurde die Topologie auch von Mathematikern anderer Gebiete als eine zwar schöne, ansonsten jedoch nutzlose Spielerei betrachtet. Da ich von der Schönheit und Andersartigkeit dieses Gebietes (im Vergleich zu traditionellen Gebieten der Mathematik) begeistert war, habe ich mir die Topologie in den fünfziger Jahren während meiner Studienzeit für die zukünftige Arbeit ausgewählt. Und in dieser Zeit (bis zum Ende der sechziger Jahre) erlebte ich das Unbefriedigende der weiteren Entwicklung dieses Gebietes, besonders den Mangel an aus ihr hervorgehenden Anwendungen. Man muß darauf hinweisen, daß eine Reihe schöner topologischer Gesetzmäßigkeiten schon zu jener Zeit gefunden wurde — in der Funktionentheorie und der komplexen Analysis, in der qualitativen Theorie dynamischer Systeme und bei partiellen Differentialgleichungen, in der Operatorenrechnung und sogar in der Algebra.

Erst mit Beginn der siebziger Jahre begann ein intensives Eindringen topologischer Methoden in den Apparat der modernen Physik. Heute ist die Bedeutung topologischer Methoden für verschiedene Gebiete der Physik unumstritten; so benutzt man Methoden der Topologie in der Feldtheorie und allgemeinen Relativitätstheorie, der Anisotropie fester Medien, der Physik der tiefen Temperaturen und der modernen Quantentheorie. Das führt zur Notwendigkeit, hinreichend elementare populäre Bücher über Topologie und deren Anwendung herauszugeben, die für Schüler höherer Klassen (wenigstens teilweise) sowie Studenten der ersten Semester mit naturwissenschaftlichem und technischem Interesse geeignet sind.

Die beiden namhaften Autoren V. G. BOLTJANSKIJ und V. A. EFREMOVIČ sind seit vielen Jahren bemüht, topologische Methoden populär zu machen. Ein Anhang von V. P. MINEEV, der sich bei der Einführung topologischer Methoden in die theoretische Physik verdient gemacht hat, behandelt eine interessante Anwendung der Topologie in der Theorie nematischer Flüssigkristalle.

Ich hoffe, daß dieses Buch einem breiten Leserkreis sehr nützlich sein wird.

S. P. NOVIKOV

---

[1] In den zwanziger Jahren unseres Jahrhunderts entstand in Moskau die sowjetische topologische Schule. Sie wurde von P. S. URYSON und P. S. ALEXANDROV begründet.

Vorwort der Autoren zur russischen Ausgabe

Die Topologie ist ein verhältnismäßig junger und sehr wichtiger Zweig der Mathematik. Der bekannte französische Mathematiker ANDRÉ WEIL sagte, daß der Engel der Topologie und der Teufel der abstrakten Algebra um die Seele jeden Mathematikers streiten. Damit weist er einerseits auf die ungewöhnliche Feinheit und Schönheit der Topologie hin, andererseits aber auch darauf, daß die gesamte moderne Mathematik auf merkwürdige Weise in die Ideen der Topologie und der Algebra eingebunden ist. In letzter Zeit dringt die Topologie immer mehr in die Physik, die Chemie und die Biologie ein. Ein Beispiel für die Anwendung topologischer Ideen in der Physik findet der Leser in dem von V. P. MINEEV verfaßten Anhang. Es ist jedoch beschwerlich, in die Zauberwelt der Topologie einzudringen. So wie man durch ein ein unvollendetes Gebäude umgebendes Baugerüst daran gehindert wird, die Schönheit des architektonischen Planes zu erfassen, so erschweren es die vielen ermüdenden Details der Theorie, die die Bücher über Topologie füllen, dieses herrliche Gebäude der mathematischen Wissenschaft mit geistigem Auge aufzunehmen. Sogar Spezialisten der Mathematik kapitulieren häufig vor den Schwierigkeiten auf dem Wege zur Beherrschung der Topologie (insbesondere der algebraischen Topologie, deren Anfangsgründe im dritten Kapitel dieses Buches behandelt werden).

Dies alles macht es sehr wichtig, ein populäres Buch über die Topologie zu schreiben. Ein erstes Buch dieser Art wurde in unserem Land schon in den dreißiger Jahren herausgegeben.[1] Danach, beginnend 1957, wurde in den Nummern 2, 3, 4 und 6 der sowjetischen Zeitschrift „Mathematische Bildung" unser Buch „Abriß der Grundbegriffe der Topologie" kapitelweise veröffentlicht (verschiedene Ausgaben des Buches erschienen in Polen, Japan und Ungarn). Jedoch sind beide Bücher längst bibliographische Raritäten

---

[1] P. S. ALEXANDROV und V. A. EFREMOVIČ, Abriß der Grundideen der Topologie (russ.). Moskau 1936.

geworden. In dem hier vorliegenden Buch ist ein Teil des Materials aus dem „Abriß" enthalten. Dies ist zugleich der Anteil von V. A. EFREMOVIČ an diesem Buch. (Er war ebenfalls Hauptinitiator für das Entstehen des „Abriß" und der Popularisierung der Topologie). Der Hauptanteil des Textes ist jedoch von mir umgeschrieben worden. Dabei wurden einige wissenschaftliche Resultate berücksichtigt, die in den letzten Jahren erzielt wurden. Weiterhin wurden von mir mehr als 200 Aufgaben in das Buch eingearbeitet, denn das Studium eines wissenschaftlichen Buches (auch eines populärwissenschaftlichen) ist nur dann von Nutzen, wenn man selbständig über die behandelten Probleme nachdenkt.

Ich möchte die Gelegenheit nutzen, S. P. NOVIKOV für seine wertvollen Hinweise zu danken; ebenso allen Lesern, die ihre Meinung zu diesem Buch mitteilen und Hinweise geben.

V. G. BOLTJANSKIJ

Diese Ausgabe wurde von V. G. BOLTJANSKIJ zum Druck vorbereitet. Dazu überarbeitete und ergänzte er das Material aus dem „Abriß". Ich möchte ihm hierfür herzlich danken; ebenfalls herzlicher Dank gilt S. P. NOVIKOV für seine wertvollen Hinweise.

V. A. EFREMOVIČ

V. G. Boltjanskij · V. A. Efremovič

Anschauliche kombinatorische Topologie

Mit 210 Abbildungen

Friedr. Vieweg & Sohn Braunschweig/Wiesbaden

Titel der Originalausgabe:
В. Г. Болтянский, В. А. Ефремович, Наглядная топология
„Наука", Москва 1982
Die Ausgabe in deutscher Sprache besorgten:
Detlef Seese und Martin Weese

CIP-Kurztitelaufnahme der Deutschen Bibliothek

Boltjanskij, Vladimir G.:
Anschauliche kombinatorische Topologie / V. G.
Boltjanskij u. V. A. Efremovič. [Die Ausg. in dt.
Sprache besorgten: Detlef Seese u. Martin Weese]. —
Braunschweig ; Wiesbaden : Vieweg, 1986.

NE: Efremovič, V. A. [Mitarb.]

1986
© der deutschsprachigen Ausgabe
VEB Deutscher Verlag der Wissenschaften, Berlin
Lizenzausgabe mit Genehmigung des VEB Deutscher Verlag der Wissenschaften
für Friedr. Vieweg & Sohn Verlagsgesellschaft mbH, Braunschweig

ISBN-13: 978-3-528-08974-0   e-ISBN-13: 978-3-322-87601-0
DOI: 10.1007/978-3-322-87601-0

Inhalt

12 Inhalt

1. Topologie der Kurven

1.1. Der Begriff der Stetigkeit

Am Anfang der Entwicklung jedes Teilgebietes der Mathematik steht eine Grundidee, ein Grundbegriff, der das gesamte Gebäude durchdringt und sein Äußeres bestimmt. Der Grundbegriff der Topologie ist der Begriff der *Stetigkeit*. Man trifft ihn bereits in der Analysis, aber, bedingt durch andere Begriffe innerhalb der Analysis, ist er hier nicht besonders weiterentwickelt worden. Seine volle und allseitige Entwicklung erhält der Stetigkeitsbegriff in der Topologie. Wir führen zwei Beispiele an, die seine Anwendung zeigen.

Beispiel 1. Wir zeigen, daß die kubische Gleichung

$$x^3 + ax^2 + bx + c = 0 \qquad (1)$$

mit positiven reellen Koeffizienten a, b und c wenigstens eine reelle Nullstelle besitzt.

Wir schreiben die Gleichung (1) (für $x \neq 0$) in der Gestalt

$$x^3 \left(1 + \frac{a}{x} + \frac{b}{x^2} + \frac{c}{x^3} \right) = 0 . \qquad (2)$$

Für sehr großes $|x|$ sind die Brüche $\frac{a}{x}$, $\frac{b}{x^2}$, $\frac{c}{x^3}$ dem Betrag nach sehr klein; der Ausdruck in runden Klammern unterscheidet sich sehr wenig von 1 und

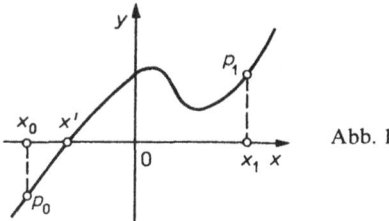

Abb. 1

ist folglich positiv. Somit hat der linke Teil der Gleichung (2) für sehr großes $|x|$ dasselbe Vorzeichen wie x^3, d. h. dasselbe Vorzeichen wie x. Mit anderen Worten, für großes negatives x (Punkt x_0 in Abb. 1) ist der linke Teil der Gleichung (1) negativ, für großes positives x (Punkt x_1) ist er positiv. Da der Graph der Funktion eine *stetige Kurve* ist, schneidet sie beim Übergang von einer Seite der Abszissenachse auf die andere (vom Punkt p_0 zum Punkt p_1) diese Achse in wenigstens einem Punkt. Der Schnittpunkt x' des Graphen mit der Achse liefert eine Nullstelle der Gleichung (1).

Aufgaben

1. Man zeige, daß jede Gleichung ungeraden Grades mit reellen Koeffizienten wenigstens eine reelle Nullstelle besitzt.
2. Man zeige, daß für negatives c die Gleichung (1) wenigstens eine positive Nullstelle besitzt.

Beispiel 2. Wir zeigen, daß man jede geschlossene Kurve K durch ein Quadrat umschreiben kann.

Hierzu ziehen wir zunächst zwei parallele Geraden l und l' so, daß die Kurve K im Streifen zwischen ihnen gelegen ist. Danach verschieben wir zuerst die Gerade l und danach l' solange, wie sie noch nicht die Kurve K berühren. Die so erhaltenen Geraden m und m' (Abb. 2a), die parallel zueinander

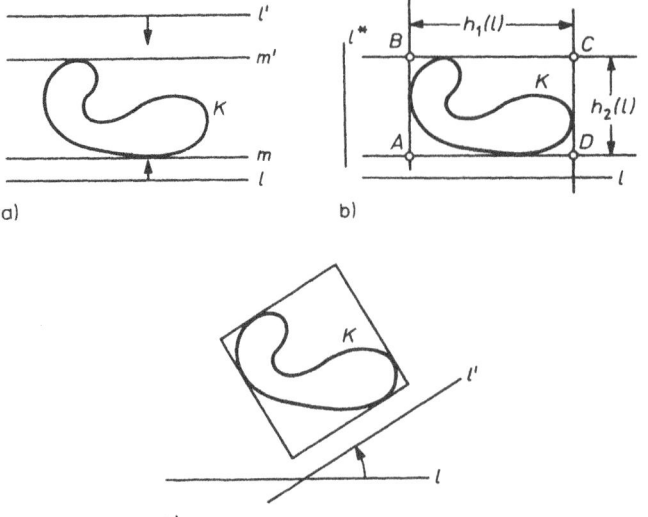

Abb. 2

verlaufen, heißen *Stützgeraden* der Kurve *K*. Wir zeichnen nun zwei weitere Stützgeraden, die senkrecht auf *l* stehen (Abb. 2b) und erhalten ein die Kurve *K* umschreibendes Rechteck *ABCD*. Es genügt zu zeigen, daß das Rechteck sich bei geeigneter Richtung der Geraden in ein Quadrat verwandelt.

Es sei $h_1(l)$ die Länge der parallel zu *l* verlaufenden Seite *AD* und $h_2(l)$ die Länge der senkrecht auf *l* stehenden Seite *AB*. Das Rechteck wird zu einem Quadrat, wenn $h_1(l) - h_2(l) = 0$ ist.

Es sei *l** eine senkrecht zu *l* verlaufende Gerade. Das beschriebene Rechteck mit den parallel und senkrecht zu *l** verlaufenden Seiten stimmt mit dem Rechteck *ABCD* überein, aber jetzt ist die Seite *AB* parallel zu *l**, und die Seite *AD* verläuft senkrecht zu *l**, d. h., es ist $h_1(l^*) = AB = h_2(l)$, $h_2(l^*) = AD = h_1(l)$. Somit ist

$$h_1(l^*) - h_2(l^*) = -(h_1(l) - h_2(l)) . \qquad (3)$$

Jetzt drehen wir die Gerade *l* solange, bis sie mit *l** übereinstimmt. Dabei verändert sich das beschriebene Rechteck kontinuierlich. Die Differenz $h_1(l) - h_2(l)$ hängt stetig von *l* ab. Aber beim Übergang von *l* zu *l** wechselt diese Differenz ihr Vorzeichen (siehe (3)). Somit nimmt bei ihrer stetigen Änderung die Differenz (für eine geeignete Gerade *l*) den Wert 0 an, d. h., das Rechteck verwandelt sich in ein Quadrat (Abb. 2c).

Aufgaben

3. Man zeige, daß man jede geschlossene Kurve *K* durch einen Rhombus mit einem Winkel von 60° umschreiben kann.
4. Man zeige: Wenn der Durchmesser einer ebenen Figur den Wert *d* nicht überschreitet (d. h., wenn der Abstand zwischen zwei beliebigen seiner Punkte nicht größer als *d* ist), dann existiert ein Quadrat mit der Kantenlänge *d*, das diese Figur enthält.
5. Man zeige: Ist für eine räumliche Figur der Durchmesser kleiner oder gleich *d*, dann gibt es ein regelmäßiges Oktaeder, das diese Figur enthält und bei dem der Abstand zwischen gegenüberliegenden Seiten gleich *d* ist.

In der Topologie werden Funktionen allgemeinster Art betrachtet. Eine Funktion anzugeben bedeutet, jedem Punkt *x* einer Menge *A* (dem *Definitionsbereich* der Funktion) einen entsprechend definierten Punkt *f(x)* einer anderen Menge *B* zuzuordnen. Man sagt in diesem Fall auch, daß eine *Abbildung f* der Menge *A* in die Menge *B* gegeben ist, und schreibt dies kurz in der Form *f*: *A* → *B*.

Beispiel 3. Wir bezeichnen mit A den Rand eines gleichseitigen Dreiecks und mit B seinen Umkreis (Abb. 3). Dann ist die *Zentralprojektion* p der Punkte der Menge A auf den Kreis eine Abbildung $p : A \to B$.

Eine Funktion $f : A \to B$ heißt *stetig* im Punkt $x_0 \in A$, wenn für jedes x, das sich „wenig" von x_0 unterscheidet (d. h., das „nahe" bei x_0 liegt), auch die Werte $f(x)$ und $f(x_0)$ nur „wenig" voneinander verschieden sind.

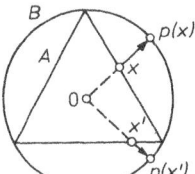

Abb. 3

Genauer, die Funktion $f(x)$ ist stetig im Punkt x_0, wenn man für jede Zahl $\varepsilon > 0$ eine Zahl $\delta > 0$ derart wählen kann, daß für ein beliebiges x, das sich um weniger als δ von x_0 unterscheidet, der entsprechende Wert $f(x)$ sich von $f(x_0)$ um weniger als ε unterscheidet. Diese Definition hat nur dann Sinn, wenn sowohl in der Menge A als auch in der Menge B ein Abstand zwischen den Punkten definiert ist.

Um besser zu verstehen, was Stetigkeit einer Abbildung bedeutet, betrachten wir das Beispiel einer *Unstetigkeit*, d. h. die Zerstörung der Stetigkeit einer Abbildung. Wir nehmen einen gewöhnlichen Gummiring und dehnen ihn vorsichtig, bis er plötzlich an einem seiner Punkte zerreißt. Was heißt das? Irgendein Teil B des Gummirings (Abb. 4a), der bisher „nahe" bei a war (d. h., sich im Abstand 0 von ihm befand), ist nach dem Zerreißen (wir bezeichnen ihn jetzt mit B') überhaupt nicht mehr nahe bei a' (der neuen Lage des Punktes a). Somit ist das Zerreißen im Punkt a jenes Ereignis, daß ein Teil B der Figur, der bisher nahe bei a war (wir schreiben hierfür $B\delta a$), nicht mehr nahe zur neuen Lage a' des Punktes a ist. Jetzt ist folgende Definition verständlich:

Die Abbildung $f : x \to x'$ heißt stetig im Punkt a, wenn jeder Teil B der abzubildenden Figur, der nahe bei a ist (d. h. $B\delta a$), sich nach der Abbildung in der Lage B' befindet, die nahe beim Punkt $a' = f(a)$ ist (d. h. $B'\delta a'$).

Man kann zeigen, daß diese Definition zu der früher gegebenen äquivalent ist.

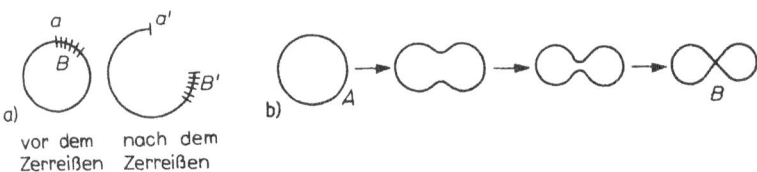

a) vor dem   nach dem
    Zerreißen   Zerreißen

Abb. 4

Ist eine Abbildung $f : A \to B$ in jedem Punkt x_0 der Menge A stetig, so sagt man einfach, daß die Abbildung f *stetig* ist. Anschaulich kann man sich die Stetigkeit einer Abbildung so vorstellen, daß man sagt, „nahe" Punkte der

Menge A gehen in „nahe" Punkte der Menge B über, d. h., bei der Abbildung f entstehen keine Risse, die den Zusammenhang der Menge A zerstören. Es sei bemerkt, daß hierbei verschiedene Punkte der Menge A „zusammengeklebt" (Abb. 4b), „übereinandergefaltet" o. ä. werden können.

Aufgaben

6. Man zeige, daß die Abbildung aus Beispiel 3 stetig ist.
7. Für beliebiges reelles a bezeichne $f(a)$ die größte Nullstelle der Gleichung $x^3 - 3x + a = 0$. Ist dann die Funktion $f(x)$ stetig?

1.2.   Womit beschäftigt sich die Topologie?

Die Abbildung $f: A \to B$ heißt *eineindeutig*, wenn auf jeden Punkt der Menge B genau ein Punkt der Menge A abgebildet wird. Das bedeutet erstens, daß keine zwei verschiedenen Punkte der Menge A in ein und denselben Punkt der Menge B übergehen (sie werden bei der Abbildung f nicht „zusammengeklebt"), und zweitens, daß jedem Punkt der Menge B ein Punkt der Menge A zugeordnet ist (d. h., A wird auf die ganze Menge B abgebildet, nicht nur auf einen Teil). Für eine eineindeutige Abbildung $f: A \to B$ kann man die Umkehrabbildung $f^{-1}: B \to A$ definieren (die jedem Punkt $y \in B$ denjenigen Punkt der Menge A zuordnet, der bei der Abbildung f in y übergeht).

Die Abbildung $f: A \to B$ heißt *homöomorph* (oder ein *Homöomorphismus*), wenn sie erstens eineindeutig und zweitens umkehrbar stetig ist, d. h., nicht nur die Abbildung f selbst ist stetig, sondern auch die *Umkehrabbildung* f^{-1}.

Anschaulich kann man sich einen Homöomorphismus als eine solche Abbildung einer Menge auf eine andere vorstellen, die ohne Risse und ohne Verheftungen vor sich geht. Beispielsweise werden wir annehmen, daß die Figuren A und B aus sehr festem und elastischem Material gefertigt sind, und wir werden beliebige Dehnungen und Biegungen erlauben, jedoch ohne die Figuren zu zerreißen oder zu verkleben; können wir unter diesen Voraussetzungen die Figur A auf die Figur B „legen", dann sind beide homöomorph. So ist etwa der Rand eines Dreiecks (oder allgemeiner, eines beliebigen Vielecks) homöomorph zum Kreis.

Beispiel 4. Die Oberflächen einer Kugel, eines Quaders und eines Zylinders sind alle zueinander homöomorph. Jedoch sind diese Oberflächen nicht homöomorph zum Torus (den man sich anschaulich als Oberfläche eines

Autoreifens (Abb. 5) vorstellen kann). Die Oberflächen einer Hantel (Abb. 6) ist zum Torus homöomorph.

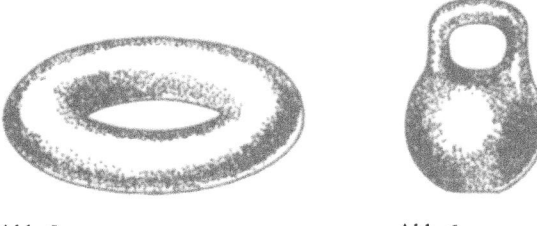

Abb. 5   Abb. 6

Beispiel 5. Man stelle sich die Buchstaben des lateinischen Alphabets in Form einer Linie vor. Die Buchstaben **I, J, L, M, N, S, U, V, W, Z** sind untereinander homöomorph. Die Buchstaben **E, F, T, Y** sind ebenfalls untereinander homöomorph, aber nicht homöomorph zu den zuerst genannten Buchstaben. Der Buchstabe **O** ist zu keinem anderen Buchstaben des lateinischen Alphabets homöomorph.

Beispiel 6. Es sei A ein Halbkreis mit dem Mittelpunkt o, von dem die Endpunkte m und n entfernt wurden, und es sei B die Tangente an den Halbkreis, die parallel zum Durchmesser mn verläuft (Abb. 7). Die Zentralprojektion $p: A \to B$ mit dem Zentrum o ist ein Homöomorphismus. Somit ist die Gerade homöomorph zum Halbkreis ohne Endpunkte. Der Halbkreis seinerseits ist wieder homöomorph zu einer Strecke (man kann ihn geradebiegen). Somit *ist die Gerade homöomorph zu einer offenen Strecke* (d. h. zu einer Strecke, von der die Endpunkte entfernt wurden).

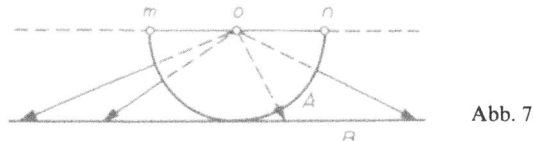

Abb. 7

Aufgaben

8. Man zeige, daß eine Figur, die Vereinigung der Mantelfläche eines Zylinders und seiner unteren Kreisfläche ist (ein „Trinkbecher"), homöomorph zu einer Kreisfläche ist.
9. Man zeige, daß die Ebene homöomorph zu einer offenen Kreisfläche (d. h. zu einem Kreis, zu dem die Punkte der begrenzenden Kreislinie nicht gehören) und ebenfalls homöomorph zur Sphäre ist, aus der ein Punkt „herausgestochen" (entfernt) wurde.

10. Man zeige, daß die in Abb. 8 dargestellten Figuren (ein Streifen, der homöomorph zur Mantelfläche eines Zylinders ist, und ein zweimal verdrehtes Band) zueinander homöomorph sind.[1])

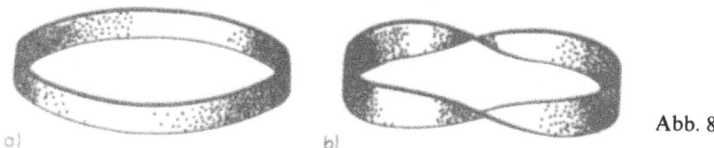

Abb. 8

Es ist lehrreich, die Begriffe Homöomorphie und Kongruenz von Figuren zu vergleichen. In der Geometrie werden Abbildungen betrachtet, die die Abstände zwischen Punkten erhalten. Sie heißen *Bewegungen* (oder Verschiebungen). Als Resultat einer Bewegung ist jede Figur ohne Änderung der Abstände wie ein fester Körper an einen neuen Platz gebracht worden. Zwei Figuren, von denen man eine in die andere mit Hilfe von Bewegungen überführen („zur Deckung bringen") kann, heißen *kongruent*. Sie werden als gleich betrachtet, d. h., als ob sie sich (vom geometrischen Standpunkt aus) nicht unterscheiden. In der Topologie betrachtet man Abbildungen, die allgemeiner als Bewegungen sind, nämlich homöomorphe Abbildungen. Zwei zueinander homöomorphe Figuren werden (vom topologischen Standpunkt aus) als gleich betrachtet, d. h., als ob sie sich nicht unterscheiden. Solche Eigenschaften von Figuren, die sich bei homöomorphen Abbildungen nicht ändern, heißen *topologische Eigenschaften* der Figur oder *topologische Invarianten* (von lat. invariant — unveränderlich). Mit der Untersuchung topologischer Eigenschaften der Figuren beschäftigt sich die *Topologie*.

Aufgaben

11. Es sei A eine aus endlich vielen Punkten bestehende Figur, $n(A)$ bezeichne die Anzahl ihrer Punkte; enthält die Figur A unendlich viele Punkte, so vereinbaren wir, $n(A) = \infty$ zu schreiben. Ist $n(A)$ eine topologische Invariante?

12. Eine Figur A heißt „in die Ebene einbettbar", wenn sie zu einer Figur homöomorph ist, die in der Ebene liegt. Beispielsweise ist ein „Trinkbecher" (Aufgabe 8) in die Ebene einbettbar. Ist die Eigenschaft, in die Ebene einbettbar zu sein, eine topologische Invariante?

---

[1]) In Abb. 8 (und den folgenden) sind die Flächen „dick" dargestellt, d. h., als ob sie aus irgendeinem Material gefertigt wären. Der Leser muß beachten, daß dies nur aus Gründen der Anschaulichkeit geschieht. Er muß sich eine „mathematische" Fläche vorstellen, die keine Dicke besitzt.

2*

Man darf nicht glauben, daß sich von zwei zueinander homöomorphen Figuren im Raum die eine in die andere überführen läßt, indem man sie krümmt, dehnt und umplaziert (ohne aufzuschneiden und zusammenzukleben). Beispielsweise kann man die in Abb. 8 dargestellten Figuren nicht auf diese Weise ineinander überführen; sie sind in den Raum ungleichartig eingebettet. Das obere Band muß man aufschneiden, und, nachdem man es zweimal gedreht hat, wieder an genau denselben Punkten zusammenkleben; erst hiernach ist es möglich, die beiden Figuren zur Deckung zu bringen. Dieses Vorgehen (Aufschneiden der Figur und, nach entsprechender Dehnung und Änderung der Lage ihrer Teile, gleiches Zusammenkleben) wird oft in der Topologie angewandt, um die Homöomorphie zweier Figuren zu zeigen.

Gleichartigkeit der Lage zweier Figuren im Raum (oder in einer sie umfassenden Figur) wird durch den Begriff *Isotopie* präzisiert. Man sagt, zwei homöomorphe Figuren A und B sind *isotop* in der sie umfassenden Figur P (oder *topologisch gleich gelegen* in P), wenn ein Homöomorphismus von P auf sich existiert, bei dem A in B übergeht. Die Bänder in Abb. 8 sind homöomorph, aber nicht isotop zueinander im Raum (der Beweis hierfür wird später gegeben). Über Einbettungseigenschaften kann man sprechen, wenn ein Paar von Figuren gegeben ist: eine Figur A und eine sie umgebende Figur P. Die Topologie beschäftigt sich auch mit der Untersuchung von Einbettungseigenschaften (d. h. mit der Untersuchung von topologischen Invarianten von Paaren von Figuren).

Aufgaben

13. Die Kurve A (Abb. 9) zerlegt den Torus T nicht in zwei Teile, während die Kurve C ihn in zwei Teile teilt. Sind A und C in der Figur T isotop? Sind A und C im dreidimensionalen Raum isotop?

14. Man zeige, daß der *Meridian* A und der *Breitenkreis* B auf dem Torus T (Abb. 9) isotop in T sind.

15. Man zeige, daß in der die Acht darstellenden Figur (Abb. 10) zwei beliebige, von x verschiedene Punkte isotop sind.

Abb. 9

Abb. 10

1.3.   Einfachste topologische Invarianten

Wir erwähnten bereits (Beispiel 4), daß die Oberfläche der Kugel (d. h. die *Sphäre*) nicht homöomorph zum Torus ist. Aber wie kann man beweisen, daß zwei Figuren nicht homöomorph sind? Denn daraus, daß wir es nicht vermögen, einen Homöomorphismus zwischen den beiden Figuren zu finden, folgt noch nicht mit Sicherheit, daß ein solcher Homöomorphismus nicht existiert.

Zum Nachweis dafür, daß zwei Figuren nicht homöomorph sind, nutzt man topologische Invarianten aus. Ist es beispielsweise möglich, mit Hilfe einer geeigneten Regel jeder Figur eine Zahl so zuzuordnen, daß homöomorphen Figuren stets die gleiche Zahl zugeordnet werden kann, so drückt diese Zahl irgendeine Eigenschaft der Figur aus, die bei Homöomorphie erhalten bleibt, d. h., eine topologische Invariante ist. Werden dann zwei Figuren *A* und *B* verschiedene Zahlen zugeordnet, so können diese Figuren nicht homöomorph sein.

Beispiel 7. Der Buchstabe **Ä** bildet eine Figur, die aus drei miteinander nicht verbundenen Teilen besteht. Die restlichen (großen) Buchstaben des lateinischen Alphabets außer **Ö** und **Ü** bestehen alle aus einem einzigen zusammenhängenden Stück. Die Anzahl der zusammenhängenden Stücke, aus denen eine Figur besteht (die *Anzahl der Komponenten* der Figur), ist eine topologische Invariante; sind zwei Figuren homöomorph, so bestehen sie aus der gleichen Anzahl von Komponenten. Deshalb ist der Buchstabe **Ä** beispielsweise nicht homöomorph zu **B, C, D** usw.

Beispiel 8. In der die Acht darstellenden Figur (Abb. 10) gibt es einen Punkt *x*, nach dessen Entfernen (gemeinsam mit den nahegelegenen Punkten, siehe Abb. 11) wir eine unzusammenhängende Figur erhalten (die mehr als eine Komponente enthält). Ein Punkt mit dieser Eigenschaft heißt *Zerfällungspunkt* dieser Figur. Kein von *x* verschiedener Punkt *x'* hat diese Eigenschaft (Abb. 12).

Die Eigenschaften, Zerfällungspunkt oder nicht Zerfällungspunkt zu sein, sind topologische Invarianten: Ist *x* ein Zerfällungspunkt der Figur *A* und $f: A \rightarrow B$ eine homöomorphe Abbildung, so ist $f(x)$ Zerfällungspunkt der Figur *B*. Die Anzahl der Zerfällungspunkte einer Figur ist folglich eine topo-

Abb. 11   Abb. 12

logische Invariante, und die Anzahl der Punkte, die keine Zerfällungspunkte sind, ist ebenfalls eine topologische Invariante.

Aufgaben

16. Man gebe für jeden Buchstaben des lateinischen Alphabets die Anzahl der Zerfällungspunkte an sowie die Anzahl der Punkte, die keine Zerfällungspunkte sind. Man zeige, daß die Buchstaben **D, I, E, P** paarweise nicht homöomorph sind.

17. Man zeige, daß für jede natürliche Zahl n sowohl eine Figur mit genau n Zerfällungspunkten existiert als auch eine Figur mit genau n Punkten, die keine Zerfällungspunkte sind.

Beispiel 9. Es sei A eine Figur, die aus endlich vielen Bögen besteht, und x einer ihrer Punkte. Die Anzahl der Bögen, die in x einmünden, heißt *Index* des Punktes x in der Figur A. In der in Abb. 13 dargestellten Figur hat der Punkt a den Index 1, b den Index 2, c den Index 3 und d den Index 4. Die Anzahl der Punkte vom Index 1, die in A enthalten sind, die Anzahl der Punkte vom Index 3, Index 4 usw. sind alle verschiedene topologische Invarianten der Figur A.

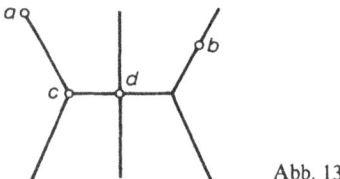

Abb. 13

Aufgaben

18. Man zeige, daß die Buchstaben **E** und **K** nicht homöomorph sind.

19. Man gebe eine notwendige und hinreichende Bedingung dafür an, daß eine aus einer endlichen Anzahl von Bögen bestehende Figur homöomorph zur Kreislinie ist.

Figuren, die aus einer endlichen Anzahl von Bögen bestehen, werden in der Topologie *endliche Graphen* genannt. In einem endlichen Graphen gibt es eine endliche Anzahl von *Knotenpunkten*, und einige von ihnen können durch kreuzungsfreie Bögen (*Kanten* des Graphen) verbunden sein. Hierbei können zwei Knotenpunkte des Graphen durch verschiedene Kanten verbunden sein, und weiterhin sind geschlossene Kanten („*Schlingen*") zugelassen, die in ein und demselben Knotenpunkt beginnen und enden.

Aufgaben

20. Es sei G ein endlicher Graph. Mit $a_k(G)$ bezeichnen wir die Anzahl der Knotenpunkte des Graphen, die den Index k besitzen. Man zeige: Die Anzahl der Kanten eines Graphen G ist gleich $\frac{1}{2}(a_1(G) + 2a_2(G) + 3a_3(G) + \cdots)$.

21. Man zeige, daß in jedem endlichen Graphen die Anzahl der Knotenpunkte mit ungeradem Index geradzahlig ist.

Beispiel 10. Ein Graph heißt *einzyklisch*, wenn man ihn „in einem Zuge zeichnen" kann, d. h., wenn man ihn vollständig mit einer stetigen Bewegung durchlaufen kann, ohne eine Kante zweimal zu benutzen. Die Eigenschaft eines Graphen, einzyklisch zu sein, ist offensichtlich eine topologische Invariante. Jedoch zeigt es sich, daß es sich hierbei um keine neue topologische Invariante handelt, sondern daß sie sich durch den Begriff des Index eines Punktes ausdrücken läßt (siehe Aufgabe 24).

Aufgaben

22. Man zeige: Wenn jeder Knotenpunkt eines endlichen Graphen wenigstens den Index 2 hat, dann gibt es in dem Graphen eine Kurve, die homöomorph zur Kreislinie ist und ganz aus Kanten des Graphen besteht.

23. Man zeige: Haben alle Knotenpunkte eines endlichen zusammenhängenden Graphen geradzahligen Index, so kann man den Graphen in einem Zuge zeichnen, wobei man in einem beliebigen Knotenpunkt beginnt und in diesem Knotenpunkt endet.

24. Man zeige, daß ein zusammenhängender Graph genau dann einzyklisch ist, wenn er höchstens zwei Knotenpunkte mit ungeradem Index hat.

Eng mit einzyklischen Graphen verbunden ist das *Königsberger Brückenproblem*, das bereits von EULER untersucht wurde. Damals gab es in Königsberg (dem heutigen Kaliningrad) sieben Brücken (Abb. 14) über den Fluß

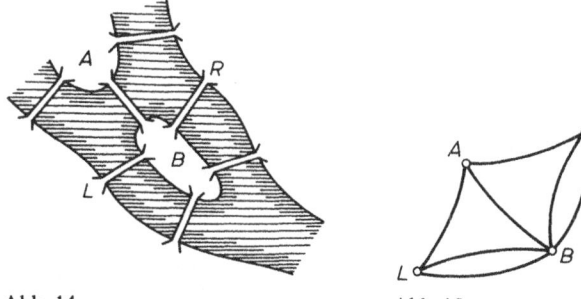

Abb. 14   Abb. 15

Pregel. Die Frage ist, ob man durch die Stadt gehen und dabei jede Brücke genau einmal überqueren kann. Wir ordnen dem Stadtplan einen Graphen zu: Mit dem Buchstaben L sei das linke, mit R das rechte Flußufer bezeichnet, A und B bezeichnen die Inseln. Die Kanten des Graphen entsprechen den Brücken (Abb. 15). In diesem Graphen haben alle vier Knotenpunkte ungeraden Index. Somit ist der Graph nicht einzyklisch, und man kann nicht bei einem Spaziergang jede Brücke genau einmal überqueren.

Aufgaben

25. Man zeige: Wenn man noch eine Brücke hinzufügt (an einer nach dem Plan von Abb. 14 möglichen Stelle), dann erhalten wir einen solchen Plan, daß man jede Brücke genau einmal überqueren kann.

26. Ein *vollständiger Graph* ist ein endlicher Graph ohne Schlingen, in dem je zwei beliebige Knotenpunkte durch genau eine Kante verbunden sind. Wann ist ein vollständiger Graph einzyklisch?

1.4.   Die Eulersche Charakteristik eines Graphen

Jeden Graphen kann man schrittweise „aufbauen", indem man eine Kante nach der anderen hinzufügt. Zum Beispiel kann man in dem gewünschten Graphen zunächst erst einmal alle Kanten durchnumerieren und dann die erste Kante, die zweite Kante usw. zeichnen.

Beispiel 11. In Abb. 16 ist ein Graph gezeigt, den wir aufbauen wollen, wobei seine Kanten durchnumeriert sind (einige Kanten sind unterbrochen dargestellt, um anschaulich ihre mögliche Lage im Raum zu zeigen).

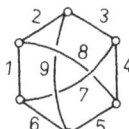   Abb. 16

Die Numerierung der Kanten in Abb. 16 ist so gewählt, daß wir stets einen *zusammenhängenden* Graphen erhalten, wenn wir die Kanten des Graphen in der durch die Numerierung angegebenen Reihenfolge zeichnen. Numerierten wir jedoch die Kanten in umgekehrter Reihenfolge, so würden wir beim Zeichnen auch einmal einen *unzusammenhängenden* Graphen erhalten, der aus drei isolierten Kanten besteht, und erst wenn wir neue Kanten zeichneten, erhielten wir einen zusammenhängenden Graphen. Auf natürliche Weise entsteht die folgende Frage: Existiert für jeden zusammenhängenden Graphen eine Numerierung der Kanten derart, daß wir stets einen zusammenhängenden Graphen erhalten, wenn wir ihn entsprechend der Reihenfolge der Numerierung zeichnen?

Die Antwort auf diese Frage ist positiv (siehe Aufgabe 28). Mit anderen Worten: *Jeder zusammenhängende Graph kann folgendermaßen erhalten werden: wir wählen eine Kante, dann fügen wir noch eine solche Kante hinzu, daß wieder ein zusammenhängender Graph entsteht, dann fügen wir eine weitere Kante hinzu (derart, daß wir wieder einen zusammenhängenden Graphen erhalten) usw.* Diese Erkenntnis kann man als Satz über das Zeichnen zusammenhängender Graphen ansprechen.

Aufgaben

27. Man zeige, daß man einen beliebigen zusammenhängenden Graphen „in einem Zuge" zeichnen kann, wenn wir festlegen, daß jede Kante genau zweimal durchlaufen werden soll.

28. Man leite aus Aufgabe 27 einen Beweis für den Satz über das Zeichnen eines zusammenhängenden Graphen her.

29. Man zeige, daß man zwei beliebige Knotenpunkte eines zusammenhängenden Graphen G in G durch einen *einfachen Kantenzug* verbinden kann, d. h. so, daß die Vereinigung dieses Kantenzuges homöomorph zu einer Strecke ist.

Hinweis: Verläuft der Kantenzug, der a und b verbindet, zweimal durch einen Knotenpunkt c, so enthält er einen *geschlossenen Kantenzug* (der in c beginnt und endet). Diesen Kantenzug kann man dann streichen.

30. Man zeige: Kann man zwei beliebige Knotenpunkte des Graphen G durch mindestens zwei einfache Kantenzüge miteinander verbinden, so hat der Graph keinen Knotenpunkt vom Index 1. Ist auch die Umkehrung richtig?

Ein *Kreis* in einem Graphen ist ein geschlossener Kantenzug, dessen Vereinigung zur Kreislinie homöomorph ist (Abb. 17). Ein zusammenhängender Graph ohne Kreise heißt *Baum* (Abb. 18). Wir zeigen, daß für einen beliebigen Baum mit E Knotenpunkten und K Kanten folgende Gleichung richtig ist:

$$E - K = 1 \tag{4}$$

Wir führen den Beweis durch Induktion über die Anzahl der Kanten K. Für $K = 1$ (der Baum hat eine Kante und zwei Knotenpunkte) ist die Gleichung (4) richtig. Wir nehmen an, daß für einen beliebigen Baum mit n Kanten

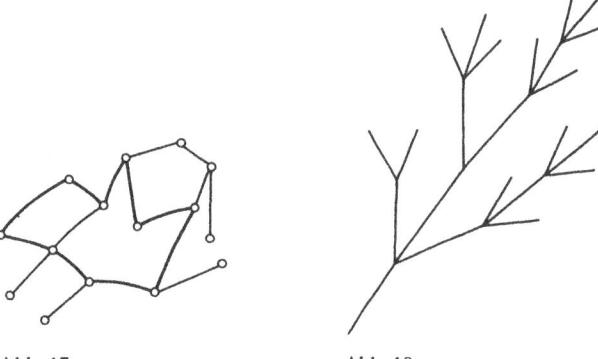

Abb. 17   Abb. 18

Gleichung (4) schon gezeigt wurde. Es sei nun G ein Baum mit $n + 1$ Kanten. Da der Graph zusammenhängend ist, kann man ihn aus einem anderen zusammenhängenden Graphen G' erhalten, zu dem man noch eine Kante r hinzufügt (dies folgt aus dem Satz über das Zeichnen eines zusammenhängenden Graphen). Der Graph G' enthält n Kanten und keine Kreise, d. h., er ist ebenfalls ein Baum. Nach Induktionsvoraussetzung ist (4) für G' erfüllt, somit gibt es $n + 1$ Knotenpunkte in G'. Nur ein Ende der hinzugefügten Kante r ist ein Knotenpunkt des Graphen G' (andernfalls wählen wir in G' einen einfachen Kantenzug, der die Knotenpunkte a und b verbindet, und indem wir r zu diesem Kantenzug hinzufügen, erhalten wir einen Kreis im Graphen G; Abb. 19). Somit entstehen, wenn wir die Kante r zu G' hinzufügen, eine neue Kante und ein neuer Knotenpunkt (Abb. 20). Mit anderen Worten, der Graph G hat $n + 2$ Knotenpunkte und $n + 1$ Kanten, somit ist die Gleichung (4) auch für ihn gültig. Die Induktion zeigt also, daß (4) für jeden Baum gilt.

Es sei G ein Graph; die Differenz $E - K$, wobei E die Anzahl der Knotenpunkte und K die Anzahl der Kanten von G ist, heißt *Eulersche*

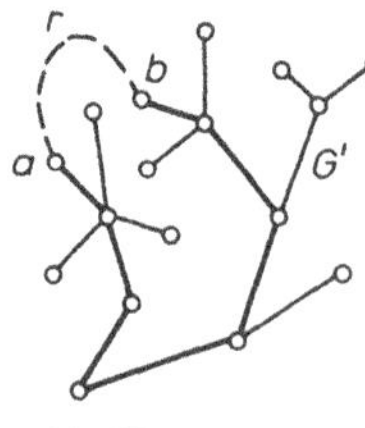

Abb. 19 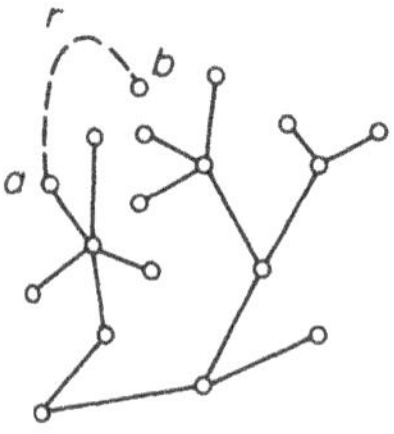   Abb. 20

Charakteristik von *G* und wird mit $\chi(G)$ bezeichnet. Somit ist *die Eulersche Charakteristik eines beliebigen Baumes gleich* 1.

Aufgaben

31. Ein Graph, der keine Kreise enthält, heißt *Wald*. Man zeige, daß für einen Wald *G* die Anzahl der Bäume, die in ihm „wachsen" (d. h. die Anzahl der Komponenten des Graphen *G*), gleich $\chi(G)$ ist.

32. Man zeige, daß für jeden Baum *G* je zwei seiner Knotenpunkte durch genau einen einfachen Kantenzug verbunden werden können. Ist auch die Umkehrung richtig?

Es sei jetzt *G* ein zusammenhängender Graph, der kein Baum ist. Dann gibt es in *G* einen Kreis, r_1 sei eine Kante in diesem Kreis (Abb. 21).

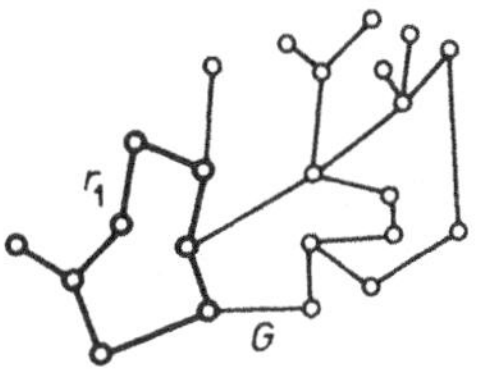

Abb. 21

Indem wir in *G* die Kante r_1 streichen, erhalten wir einen zusammenhängenden Graphen *G'* (da die Enden der Kante r_1 in *G'* durch einen einfachen Kantenzug verbunden werden können, den verbleibenden Teil des Kreises), somit haben *G* und *G'* dieselben Knotenpunkte. Wenn *G'* noch kein Baum ist, d. h., wenn es in *G'* ebenfalls einen Kreis gibt (Abb. 22),

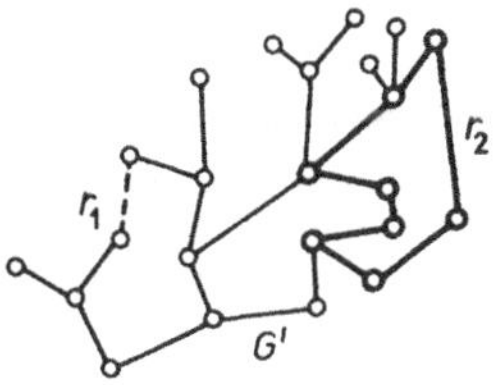

Abb. 22

können wir eine Kante r_2 dieses Kreises streichen und erhalten wieder einen zusammenhängenden Graphen *G''* mit denselben Knotenpunkten wie *G* usw. Setzen wir diesen Prozeß bis zu einer Kante r_k fort, so erhalten wir schließlich einen Graphen *G**, der alle Knotenpunkte von *G* enthält und keine Kreise mehr besitzt, d. h., der ein Baum ist. Er heißt *Gerüst* des

Graphen G, und die Kanten $r_1, r_2, \ldots, r_k$ sollen die bei G^* *weggelassenen* Kanten genannt werden (wir werden im folgenden auch von auslöschbaren Kanten sprechen).

Ist E die Anzahl der Knotenpunkte des Graphen G, so hat das Gerüst G^* ebenfalls E Knotenpunkte. Aus (4) folgt, daß G^* gerade $E - 1$ Kanten hat, und somit hat G gerade $E - 1 + k$ Kanten (da G^* aus G entsteht, indem man k Kanten aus G entfernt). Somit ist

$$\chi(G) = E - (E - 1 + k) = 1 - k \,. \tag{5}$$

Wegen $k \geqq 1$ ist $\chi(G) \leqq 0$. *Somit gilt für einen beliebigen zusammenhängenden Graphen G die Relation $\chi(G) \leqq 1$; Gleichheit tritt genau dann ein, wenn G ein Baum ist.*

Nach (5) ist die Anzahl der auslöschbaren Kanten $k = 1 - \chi(G)$. Mit anderen Worten, um den Graphen G zu erhalten, nimmt man eines seiner Gerüste und fügt zu ihm $1 - \chi(G)$ auslöschbare Kanten hinzu, von denen jede zwei Knotenpunkte (wobei diese im Fall einer Schlinge übereinstimmen können) des Gerüstes verbindet.

Aufgaben

33. Wenn man einen zusammenhängenden Graphen G erhalten kann, indem man zu einem geeigneten Baum Schlingen hinzufügt, so ist das Gerüst von G eindeutig festgelegt und stellt gerade diesen Baum dar. Gilt auch die Umkehrung?

34. Man zeige: Besteht ein Graph G aus l Komponenten, so ist $\chi(G) \leqq l$. Wann gilt Gleichheit?

35. Man sagt, daß auf einem Graph ein *Strom* gegeben ist, wenn jeder Kante eine Richtung und eine nichtnegative Zahl (der Strom) derart zugeordnet sind, daß der Kirchhoffsche Knotensatz erfüllt ist: Für jeden Knotenpunkt ist die Summe der in ihn hineinführenden Ströme gleich der Summe der aus ihm herausführenden Ströme. Man zeige: Ist G ein Baum, so existiert auf ihm nur ein trivialer Strom, d. h. ein solcher, in dem alle Ströme 0 sind.

36. Es seien G ein zusammenhängender Graph, G^* eines seiner Gerüste, und $r_1, r_2, \ldots, r_k$ bei G^* weggelassenen Kanten. Man zeige: Legt man auf den Kanten $r_1, r_2, \ldots, r_k$ beliebige Ströme fest, so kann man die Ströme auf den verbleibenden Kanten so festlegen, daß ein Strom auf dem Graphen entsteht. Dies ist nur auf eine Art möglich.

Hinweis: Für jede auslöschbare Kante r gibt es einen eindeutigen Kreis, der diese Kante enthält und keine weiteren auslöschbaren Kanten besitzt. Jeder Kante dieses Kreises ordnet man zunächst einen Strom von der Größe und Richtung zu, wie er auch für r gegeben war. Danach ordnet man jeder Kante die Summe aller dieser Kreisströme zu, wobei über alle Kreise summiert wird, in denen sich die fragliche Kante befindet. Auf diese Weise erhält man den gewünschten Strom auf G. (Gleichgerichtete Ströme werden hierbei addiert, entgegengesetzt orientierte subtrahiert. Die Richtung der Kante ergibt sich aus dem Vorzeichen der Summe.) Gäbe es zwei verschiedene Ströme, die auf den auslöschbaren Kanten übereinstimmen, so ergäbe ihre Differenz einen nichttrivialen Strom auf dem Gerüst G^*.

1.5. Schnittindex

In den nächsten beiden Beispielen betrachten wir Graphen, die sich nicht in die Ebene einbetten lassen.

Beispiel 12 („Häuser und Brunnen"). In der Ebene sind sechs Punkte H_1, H_2, H_3 (Häuser) und B_1, B_2, B_3 (Brunnen) gegeben. Kann man in der Ebene von jedem Haus zu jedem Brunnen einen Weg anlegen, so daß sich verschiedene Wege nirgends schneiden? Die Antwort ist negativ: Wenn wir alle Wege außer einem angelegt haben (Abb. 23), ist für den letzten „kein Platz mehr" in der Ebene. Somit ist der Graph P_1 in Abb. 23 nicht in die Ebene einbettbar.

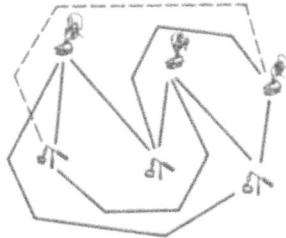

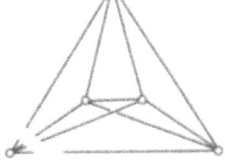

Abb. 23   Abb. 24

Beispiel 13. Es sei P_2 der vollständige Graph mit fünf Knotenpunkten. In Abb. 24 ist eine Kante unterbrochen. Für sie ist „kein Platz" in der Ebene. Somit ist auch der Graph P_2 nicht in die Ebene einbettbar.

Es ist interessant, daß die Graphen P_1 und P_2 Testgraphen dafür sind, ob ein Graph in die Ebene eingebettet werden kann oder nicht: *Kann ein Graph nicht in die Ebene eingebettet werden, so enthält er notwendig einen Graphen, der homöomorph zu P_1 oder P_2 ist.* Das wurde von dem polnischen Mathematiker C. KURATOWSKI gezeigt.

Aufgaben

37. Man zeige, daß der Graph aus Beispiel 11 (Abb. 16) nicht in die Ebene eingebettet werden kann.

38. Die Kanten eines Graphen seien die Seiten und die kürzesten Diagonalen[1]) eines regelmäßigen n-Ecks. Man zeige, daß für gerades n der Graph in die Ebene eingebettet werden kann, aber nicht für ungerades n, falls $n > 3$ ist.

39. Die Kanten eines Graphen seien die Seiten und die längsten Diagonalen[1]) eines regelmäßigen $2n$-Ecks. Man zeige, daß für $n \geq 3$ dieser Graph nicht in die Ebene eingebettet werden kann, er kann jedoch auf den Torus gelegt werden.

40. Die Kanten eines Graphen seien die Seiten und die längsten Diagonalen[1]) eines regelmäßigen $(2n + 1)$-Ecks. Man zeige, daß für $n \geq 2$ dieser Graph nicht in die Ebene eingebettet werden kann. Kann er auf den Torus gelegt werden?

Die Überlegungen, die in den Beispielen 12 und 13 durchgeführt wurden (daß in der Ebene „kein Platz" ist), sind natürlich nur Plausibilitätsbetrachtungen. Ein strenger Beweis dafür, daß P_1 und P_2 nicht in die Ebene eingebettet werden können, wird später gegeben.

Es seien a und b zwei Intervalle in der Ebene derart, daß die Endpunkte von a nicht in b enthalten sind, und umgekehrt. Schneiden sich diese Intervalle, so schreiben wir $J(a,b) = 1$, schneiden sie sich nicht, dann setzen wir $J(a,b) = 0$. $J(a,b)$ ist der *Schnittindex der Intervalle* a und b.

Eine endliche Menge von Intervallen in der Ebene werden wir eine *Kette* nennen. Die Elemente der Kette nennen wir *Glieder* und die Endpunkte der Glieder *Knotenpunkte*.

Es seien x und y zwei Ketten derart, daß keine Kette Knotenpunkte der anderen enthält. Es seien $a_1, \ldots, a_m$ die Glieder von x und $b_1, \ldots, b_n$ die Glieder von y. Ist die Summe $\sum\limits_{i,j} J(a_i, b_j)$ (d. h. die Summe der Schnittindizes jedes der Glieder $b_1, \ldots, b_n$) eine gerade Zahl, so schreiben wir $J(x, y) = 0$, ist sie ungerade, so schreiben wir $J(x, y) = 1$. Die Zahl $J(x, y)$ nennen wir *Schnittindex der Ketten* x und y (genauer Schnittindex modulo 2).

Eine Kette, bei der jeder Knotenpunkt mit einer geraden Anzahl von Gliedern inzidiert, heißt *Zyklus* (modulo 2). Wir zeigen, daß *der Schnittindex zweier Zyklen in der Ebene stets gleich 0 ist.*

Da jeder Knotenpunkt des Zyklus mindestens den Index 2 hat, enthält der Zyklus ein zur Kreislinie homöomorphes Teilstück (siehe Aufgabe 17). Entfernt man dieses abgeschlossene Teilstück aus dem Zyklus, so verbleibt weiterhin ein Zyklus (jeder Knotenpunkt hat einen geraden Index). Im verbleibenden Zyklus kann man wieder ein Teilstück finden, das homöomorph zur Kreislinie ist, usw. Somit kann man jeden Zyklus als Vereinigung einer endlichen Anzahl von Teilstücken darstellen, die alle homöomorph zur Kreis-

---

[1]) die etwas aus der Ebene herausgehoben werden, damit sie sich paarweise nicht schneiden

linie sind (wobei diese Teilstücke paarweise keine gemeinsamen Intervalle besitzen).

Um also zu zeigen, daß der Schnittindex zweier Zyklen x und y in der Ebene stets 0 ist, genügt es, dies für den Fall zu zeigen, daß x und y homöomorph zur Kreislinie sind. Indem wir die Knotenpunkte der Zyklen x und y ein ganz klein wenig verschieben (so, daß sich ihre Schnittzahl nicht verändert), können wir erreichen, daß die Glieder der Zyklen x und y paarweise nicht parallel sind. Wir wählen jetzt eine Gerade l, die zu keiner Geraden parallel ist, welche einen Knotenpunkt des Zyklus x mit einem Knotenpunkt des Zyklus y verbindet.

Nun verschieben wir den Zyklus x (in seiner Gesamtheit) parallel zur Geraden l (Abb. 25). Der Schnittindex $J(x, y)$ kann sich nur dann ändern, wenn ein Knotenpunkt des einen Zyklus auf eine Seite des anderen Zyklus zu liegen kommt (aus der Wahl der Geraden l folgt, daß ein Knotenpunkt des Zyklus x nicht mit einem Knotenpunkt des Zyklus y übereinstimmen kann). Wenn ein Glied a des Zyklus x durch einen Knotenpunkt des Zyklus y läuft, ändert sich die Parität der Zahl der Schnitte nicht (Abb. 26 bis 28). Ebenso verhält es sich, wenn ein Knotenpunkt des Zyklus x durch eine Strecke des Zyklus y hindurchläuft. Deshalb ändert sich der Schnittindex

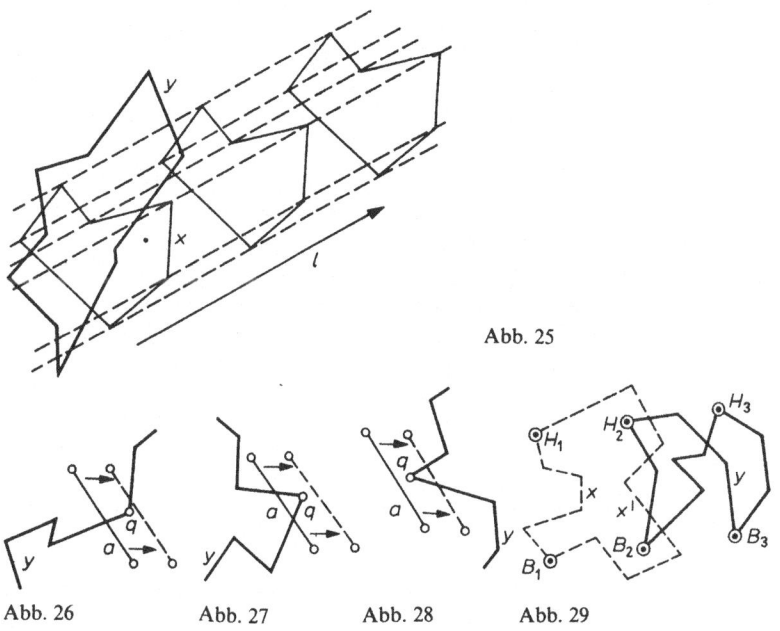

Abb. 25

Abb. 26   Abb. 27   Abb. 28   Abb. 29

$J(x, y)$ nicht. Schließlich wird bei der Verschiebung ein Zustand erreicht, in dem die beiden Zyklen x und y keine gemeinsamen Punkte mehr besitzen (Abb. 25), d. h., ihr Schnittindex wird 0. Somit gilt auch für die Ausgangssituation $J(x, y) = 0$.

Jetzt sind wir in der Lage zu beweisen, daß der Graph P_1 (Beispiel 12) nicht in die Ebene eingebettet werden kann. Wir vereinbaren, zwei Wege *getrennt* zu nennen, wenn sie von verschiedenen Häusern zu verschiedenen Brunnen führen. Wir zeichnen (in Form von Polygonzügen) alle benötigten Wege (wobei Überschneidungen möglich sind) und bezeichnen mit I die Anzahl der Schnittpunkte aller Paare von getrennten Wegen. Nun zeigen wir, daß für beliebige Lage der Wege die Zahl I ungerade ist.

Angenommen, wir ändern die Lage eines Weges, sagen wir $H_1 B_1$. Die Ausgangslage bezeichnen wir mit x, die neue Lage mit x' (Abb. 29). Es gibt vier Wege, die mit $H_1 B_1$ nicht benachbart sind; sie verbinden die beiden Häuser H_2, H_3 mit den beiden Brunnen B_2, B_3. Diese vier Wege bilden einen Zyklus $H_2 B_2 H_3 B_3 H_2$, den wir mit y bezeichnen. Die Wege x und x' bilden zusammen ebenfalls einen Zyklus. Da der Schnittindex zweier beliebiger Zyklen stets 0 ist, gilt $J(x, y) = J(x', y)$. Mit anderen Worten, die Anzahl der Kreuzungspunkte des Weges x mit dem Zyklus y (d. h. mit allen Wegen, die zu x nicht benachbart sind) hat dieselbe Parität wie die Anzahl der Kreuzungspunkte des Weges x' mit dem Zyklus y. Somit ändert I seine Parität nicht, wenn der Weg x durch den Weg x' ersetzt wird.

Damit ist aber klar, daß *für eine beliebige Lage der Wege in der Ebene die Zahl I stets die gleiche Parität hat*. In der Tat, ersetzen wir zunächst einen Weg der ersten Darstellung durch den entsprechenden Weg der zweiten Darstellung, dann den nächsten Weg usw., so ersetzen wir schrittweise die erste Darstellung durch die zweite, wobei sich, wie gezeigt wurde, die Parität von I nicht ändert.

In Abb. 23 gibt es genau einen Kreuzungspunkt, folglich ist bei jeder beliebigen Lage der Wege die Zahl I ungerade. Es ist daher nicht möglich, alle Wege so anzulegen, daß sie sich nicht kreuzen (sonst wäre $I = 0$). Der Graph P_1 ist somit nicht in die Ebene einbettbar.

Aufgaben

41. Man zeige, daß der Graph P_2 aus Beispiel 13 nicht in die Ebene eingebettet werden kann.

42. Man zeige, daß auf der Sphäre (ebenso wie in der Ebene) der Schnittindex zweier beliebiger Zyklen gleich 0 ist. Man zeige, daß es auf dem Torus zwei Zyklen gibt, deren Schnittindex gleich 1 ist.

Es seien jetzt a und b zwei gerichtete Intervalle, von denen keines einen Endpunkt des anderen enthält. Angenommen, wir durchlaufen jetzt das erste Intervall a in seiner ausgezeichneten Richtung. Wenn wir dabei feststellen, daß das zweite Intervall b unser Intervall von rechts nach links schneidet, setzen wir $J(a, b) = 1$, wenn unser Intervall von links nach rechts geschnitten wird, setzen wir $J(a, b) = -1$, und wenn sich a und b nicht schneiden, setzen wir $J(a, b) = 0$. Die Zahl $J(a, b)$ heißt Schnittindex der gerichteten Intervalle a und b.

Im Unterschied zu den bisher betrachteten Ketten modulo 2 nennen wir jetzt eine endliche Menge gerichteter Intervalle in der Ebene eine Kette (genauer, „*ganzzahlige Kette*"). Der *Schnittindex der ganzzahligen Ketten* x und y (wobei jetzt die Reihenfolge der Ketten zu beachten ist: x ist die erste Kette, y die zweite) wird wie früher definiert:

$$J(x, y) = \sum_{i, j} J(a_i, b_j),$$

dabei sind $a_1, \ldots, a_m$ die gerichteten Intervalle, aus denen die Kette x besteht, und $b_1, \ldots, b_n$ die gerichteten Intervalle, aus denen die Kette y besteht.

Schließlich vereinbaren wir noch, eine Kette *Zyklus* zu nennen (genauer, *ganzzahligen Zyklus*), wenn für jeden Knotenpunkt die Anzahl der in ihn hineinführenden gerichteten Intervalle gleich der Anzahl der aus ihm herausführenden gerichteten Intervalle ist.

Aufgaben

43. Wir nennen einen geschlossenen Polygonzug *gerichteten Rand*, wenn er homöomorph zur Kreislinie ist und wenn auf seinen Strecken durch Pfeil ein Umlaufsinn ausgezeichnet ist (derart, daß in jeden Knotenpunkt eine Strecke hinein- und eine Strecke herausführt). Ein gerichteter Rand ist ein Zyklus. Man zeige, daß jeder (ganzzahlige) Zyklus als Vereinigung von endlich vielen Rändern dargestellt werden kann, die paarweise keine Strecken gemeinsam haben.

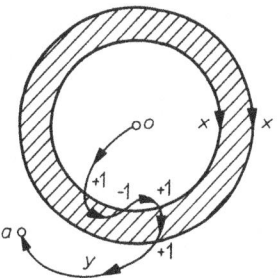

Abb. 30

44. Man zeige, daß der Schnittindex zweier beliebiger ganzzahliger Zyklen gleich 0 ist.

45. In Abb. 30 besteht der Zyklus x aus zwei einzelnen gerichteten Rändern. Man zeige, daß der Punkt a genau dann dem äußeren Gebiet des Kreisringes angehört, wenn für einen beliebigen gerichteten Polygonzug y, der von o zu a führt, die Bedingung $J(x, y) = 2$ erfüllt ist. Wann liegt der Punkt a innerhalb des schraffierten Gebietes des Kreisringes?

1.6.   Der Jordansche Kurvensatz

Wir haben gezeigt (vgl. Abb. 25 bis 28), daß der Schnittindex zweier Zyklen in der Ebene gleich 0 ist. Es ist möglich, daß der Leser einen einfacheren Beweis führen möchte: In jedem Schnittpunkt führt der geschlossene Polygonzug x entweder aus dem Inneren des Gebietes des geschlossenen Polygonzuges y hinaus, oder er führt vom äußeren ins innere Gebiet hinein. Da der Polygonzug x ebensooft in das Innere des Gebietes von y eintritt, wie er aus ihm heraustritt (denn dies erfolgt abwechselnd), ist die Anzahl der Schnitte gerade.

Man kann jedoch diesen Beweis erst dann als richtig anerkennen, wenn schon der Begriff „*Inneres eines Gebietes*" erklärt worden ist: aber dieser Begriff ist nicht so einfach, wie er auf den ersten Blick erscheint. Seiner Erklärung ist der folgende Abschnitt gewidmet.

Eine geschlossene Kurve, die homöomorph zur Kreislinie ist, heißt *einfach geschlossene Kurve*. Der Jordansche Kurvensatz besagt, daß *jede einfach geschlossene Kurve in der Ebene diese in zwei Gebiete teilt* (ein inneres und ein äußeres). Wir erklären den Inhalt dieses Satzes und betrachten dazu zwei Punkte p und q, die nicht auf der einfach geschlossenen Kurve l liegen. Kann man p und q durch einen Polygonzug verbinden, der l nicht schneidet, so sagt man, daß p und q *im gleichen Gebiet bezüglich l liegen*. Schneidet jedoch jeder beliebige Polygonzug, der p und q verbindet, die Kurve l, so sagt man, daß p und q in verschiedenen Gebieten liegen. Der Jordansche Kurvensatz besagt, daß die Kurve l die Ebene in zwei Gebiete teilt. Die scheinbare Offensichtlichkeit des Jordanschen Kurvensatzes rührt daher, daß wir zunächst nur an sehr einfache Kurven denken (Kreislinie, Rand eines konvexen Polyeders u. ä.).

Beispiel 14. In Abb. 31 ist ein einfach geschlossener Polygonzug dargestellt. Jedoch ist es überhaupt nicht offensichtlich, daß er die Ebene in zwei Gebiete teilt; man kann nicht auf Anhieb sagen, in welchem Gebiet (dem inneren oder dem äußeren) die Punkte a, b, c, d liegen.

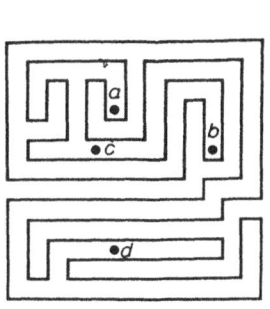 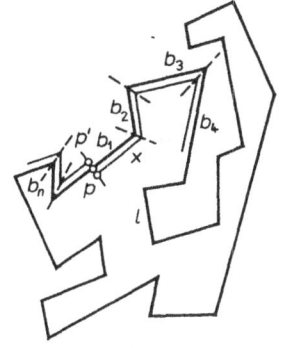

Abb. 31   Abb. 32

Wir kommen jetzt zum Beweis des Jordanschen Kurvensatzes. Hierbei beschränken wir uns auf den Fall, daß l nicht eine beliebige einfach geschlossene Kurve in der Ebene ist, sondern ein einfach geschlossener Polygonzug.

Es seien $b_1, b_2, \ldots, b_n$ in dieser Reihenfolge die Kanten des Polygonzuges l. Wir wählen zwei Punkte p und q', die symmetrisch zur Kante b_1 liegen. Vom Punkt p aus zeichnen wir eine Strecke, die parallel zur Kante b_1 bis zum Schnittpunkt der Winkelhalbierenden zwischen den Kanten b_1 und b_2 verläuft (Abb. 32). In diesem Punkt beginnen wir eine Strecke, die parallel zu b_2 verläuft bis zu ihrem Schnittpunkt mit der Winkelhalbierenden des Winkels zwischen b_2 und b_3 usw. Auf diese Weise erhalten wir schließlich einen Polygonzug x, der überall den gleichen Abstand zu den entsprechenden Kanten des Polygonzuges l hat. Ist hierbei der Abstand pp' hinreichend klein, so schneidet die Kurve x die Kurve l nicht, und wenn wir sie durchlaufen, kehren wir entweder zu p oder zu p' zurück. Es ist jedoch nicht möglich, daß der Polygonzug x zum Punkt p' führt: Würde er die Punkte p und p' verbinden, so könnten wir zu x die Kante pp' hinzufügen und hätten dann einen Zyklus, der den Zyklus l in genau einem Punkt schneidet, d. h., der Schnittindex dieser beiden Zyklen wäre 1, und das ist nicht möglich. Somit ist x ein geschlossener Polygonzug, der einmal um den Polygonzug l herumführt. Analog erhält man einen Polygonzug x', der in p' beginnt, einmal um l herumführt und wieder in p' endet.

Es sei jetzt c ein beliebiger Punkt, der nicht auf l liegt. Dann kann man ihn, ohne l zu schneiden, entweder mit p oder 'mit p' verbinden: Wir zeichnen vom Punkt c aus einen Strahl, der die Kurven x und x' schneidet; vom Punkt c gehen wir zum ersten Schnittpunkt dieses Strahls mit einer der beiden Kurven x oder x' und danach auf dieser Kurve (x oder x') bis zum Punkt p bzw. p'.

Es ist nicht schwer einzusehen, daß zwei verschiedene Polygonzüge y und z, die l nicht schneiden, in c beginnen und in p oder p' enden, beide in ein und demselben Punkt enden. Angenommen, sie würden in verschiedenen Punkten enden (Abb. 33), dann bilden $y \cup z$ zusammen mit der Strecke pp' einen Zyklus, dessen Schnittindex mit l gleich 1 wäre, und das ist unmöglich.

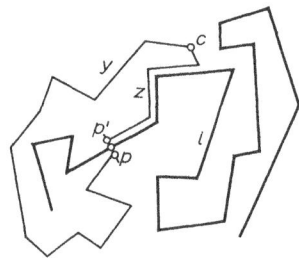

Abb. 33

Wir bezeichnen jetzt mit U die Menge aller Punkte der Ebene, die man mit p verbinden kann, ohne l zu schneiden, und bezeichnen mit V die Menge der Punkte, die man mit p' verbinden kann, ohne l zu schneiden. Dann sind U und V die beiden Gebiete, in die, wie der Jordansche Kurvensatz besagt, die Ebene durch die Kurve l zerlegt wird. Liegen die Punkte c_1 und c_2 im gleichen Gebiet (sagen wir U), so existieren Polygonzüge y_1 und y_2, die, ohne l zu schneiden, c_1 und c_2 mit p verbinden. Ihre Vereinigung ist ein Polygonzug, der c_1 und c_2 verbindet und dabei l nicht schneidet. Somit kann man zwei Punkte, die im gleichen Gebiet liegen, mit einem Polygonzug verbinden, der l nicht schneidet. Gehören die Punkte c_1 und c_2 verschiedenen Gebieten an, so kann man sie nicht durch einen Polygonzug verbinden, der l nicht schneidet (anders ausgedrückt, wie zuvor erhielten wir einen Zyklus der mit l den Schnittindex 1 hat).

Es sei bemerkt, daß alle ,,weit entfernten'' Punkte der Ebene in ein und demselben Gebiet bezüglich der Kurve l gelegen sind. Deshalb ist das eine der beiden Gebiete, die durch die Kurve l bestimmt werden, unbeschränkt, und das andere beschränkt. Das unbeschränkte Gebiet heißt *äußeres* und das beschränkte *inneres* Gebiet.

Aufgaben

46. Wenn der Polygonzug l kompliziert ist (siehe Abb. 31), ist es schwierig, nach Augenmaß zu bestimmen, ob ein Punkt c im inneren oder äußeren Gebiet liegt (d. h., ob man im Punkt c startend, aus dem Labyrinth herauskommt, das durch die Kurve l gebildet wird). Man zeige, daß ein vom Punkt c ausgehender Strahl, der keinen Knotenpunkt des Polygonzuges l enthält, l in einer geraden Anzahl von Punkten schneidet, wenn c im äußeren Gebiet liegt, und in einer ungeraden Anzahl von Punkten, wenn c im inneren Gebiet liegt.

47. Man zeige, daß jede einfach geschlossene Kurve auf der Sphäre diese in zwei Gebiete teilt.

48. In der Ebene seien k Polygonzüge gegeben, die alle zwei fest vorgegebene Punkte p und q verbinden. Man zeige: Haben je zwei der Polygonzüge nur die Punkte p und q gemeinsam, so wird die Ebene durch sie in k Gebiete geteilt.

Wir weisen (ohne Beweis) darauf hin, daß *zwei beliebige einfach geschlossene Kurven* l_1 *und* l_2 *in der Ebene zueinander isotop sind*, d. h., es existiert ein Homöomorphismus der Ebene auf sich, der l_1 in l_2 überführt. Dieser Satz geht über den Jordanschen Kurvensatz hinaus. Angenommen, es seien l_1 eine Kreislinie und l_2 eine beliebige einfach zusammenhängende Kurve in der Ebene. Ein Homöomorphismus der Ebene auf sich, der l_1 in l_2 überführt, überführt das äußere Gebiet der Kreislinie l_1 in das äußere Gebiet der Kurve l_2 und das innere Gebiet von l_1 (d. h. den offenen Kreis) in das innere Gebiet der Kurve l_2. Somit ist die Vereinigung einer einfach geschlossenen Kurve mit ihrem inneren Gebiet homöomorph zum Kreis. Hierüber sagt der Jordansche Kurvensatz nichts aus, sondern er besagt nur, daß zwei Gebiete existieren, ein inneres und ein äußeres.

1.7. Was ist eine Kurve?

EUKLID erklärte eine Kurve als „eine Länge ohne Breite". Das ist natürlich keine Definition, aber eine anschauliche Erklärung der Kurve. Das folgende Beispiel zeigt jedoch, daß man diese Beschreibung kaum als ausreichend ansehen kann.

Beispiel 15. Wir betrachten ein Quadrat vom Flächeninhalt 1 (Abb. 34a) und streichen aus ihm ein Kreuz heraus (Abb. 34b), wobei wir die Breite seiner beiden Querbalken so wählen, daß der Flächeninhalt des Kreuzes gleich $\frac{1}{4}$ ist. Aus jedem der verbleibenden Quadrate streichen wir wieder ein Kreuz heraus (Abb. 34c) derart, daß die Summe ihrer Flächeninhalte gleich $\frac{1}{8}$ ist. Aus jedem der verbleibenden 16 kleinen Quadrate streichen wir erneut Kreuze heraus (Abb. 34d) derart, daß die Summe der Flächeninhalte dieser Kreuze gleich $\frac{1}{16}$ ist, usw. Wir bezeichnen mit A die „Grenzfigur", d. h. den Durchschnitt $A_1 \cap A_2 \cap \cdots \cap A_n \cap \cdots$, wobei A_n die Figur ist, die nach n Etappen unserer Prozedur verbleibt. Die Figur A „verteilt sich" irgendwie auf die ver-

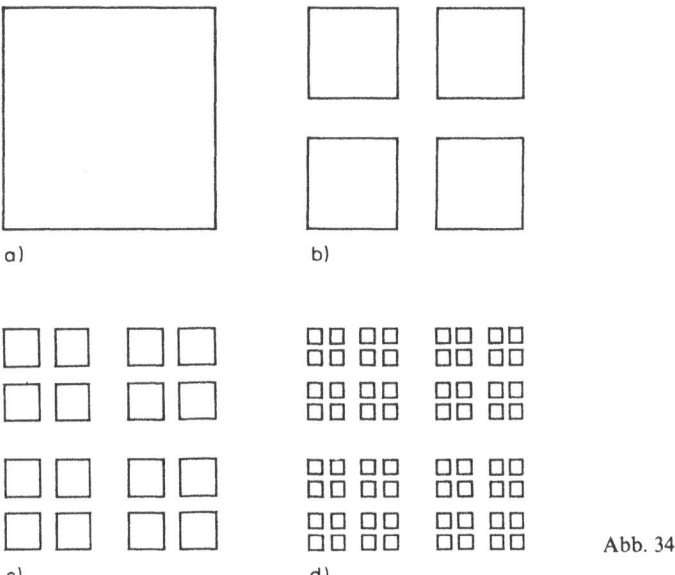

Abb. 34

bleibenden Punkte, und obwohl die verbleibenden Quadrate immer kleiner gemacht werden, hat sie trotzdem noch einen positiven Flächeninhalt. In der Tat, zunächst entfernten wir aus dem Quadrat $\frac{1}{4}$ seiner Fläche, danach $\frac{1}{8}$, dann $\frac{1}{16}$ usw. Schließlich verbleibt uns im Grenzfall eine Figur A mit dem Flächeninhalt $1 - \left(\dfrac{1}{4} + \dfrac{1}{8} + \dfrac{1}{16} + \cdots \right)$. Da die Summe der in den Klammern stehenden unendlichen, abnehmenden geometrischen Reihe gleich $\frac{1}{2}$ ist, ist der Flächeninhalt der Grenzfigur A gleich $\frac{1}{2}$.

Wir konstruieren jetzt einen *einfachen Bogen* (d. h. eine Figur, die homöomorph zu einem Intervall ist), der durch alle Punkte der Menge A geht. Dazu gehen wir von einem geknickten Streifen aus, der die vier im ersten Schritt konstruierten Quadrate enthält (Abb. 35a). Nun verringern wir die Breite des Streifens und knicken ihn öfter so, daß er alle im zweiten Schritt konstruierten Quadrate enthält (Abb. 35b), danach die nach dem dritten Schritt konstruierten (Abb. 35c) usw.

Nach n derartigen Schritten erhalten wir einen Streifen B_n, der im vorherigen Streifen enthalten ist und die Figur A_n enthält (und somit auch die Figur A). Der Durchschnitt $B_1 \cap B_2 \cap \cdots$ dieser Streifen, d. h. ihre Grenzfigur, bezeichnen wir mit B; sie enthält ebenfalls A, und somit ist der Flächeninhalt der Figur B nicht kleiner als $\frac{1}{2}$. Abb. 35 zeigt anschaulich, daß

a)   b)

c)   d)

Abb. 35

B eine außerordentlich „gewundene" Kurve (einfacher Bogen) ist. Diese Kurve hat einen positiven Flächeninhalt, d. h., sie kann schwerlich als „Länge ohne Breite" bezeichnet werden.

EUKLID gibt noch die Beschreibung einer Kurve als „Rand einer Fläche". Aber auch der Begriff „Rand" birgt, wie wir gleich sehen werden, viele Überraschungen in sich. Wir haben uns daran gewöhnt zu glauben, daß jeder Teil einer Kurve in der Ebene von zwei Seiten begrenzt wird. Ist beispielsweise l eine einfach geschlossene Kurve, so berühren die beiden Gebiete U und V, die durch die Kurve l bestimmt werden, diese auf ihrer gesamten Länge (d. h., zu jedem Punkt $x \in l$ findet man in beliebig kleinem Abstand sowohl Punkte des Gebietes U als auch Punkte des Gebietes V).

Es ist anschaulich klar, daß eine Kurve nicht gleichzeitig der Rand von mehr als zwei Gebieten in der Ebene sein kann, die diese Kurve auf ihrer gesamten Ausdehnung berühren. Hier täuscht uns jedoch die Intuition.

Beispiel 16. Wir zeigen, daß es in der Ebene eine Kurve gibt, die *gleichzeitig Rand von drei Gebieten* ist. Eine solche Kurve wurde von dem japanischen Mathematiker WADA entdeckt.

Wir stellen uns eine Insel mit zwei Seen vor, von denen der eine kaltes und der andere warmes Wasser enthält. Um das Wasser von den Seen und

vom Meer in das Land zu leiten, werden Kanäle gebaut. Am ersten Tag
wird vom See ein Kanal vorgetrieben (der nicht mit dem Meerwasser und dem
Wasser des kalten Sees in Berührung gerät) so, daß der Abstand jedes
Landpunktes zum warmen Wasser nicht größer als 1 ist (Abb. 36). Am
zweiten Tag wird ein Kanal vom warmen See vorgetrieben, der nirgends mit
dem Meer, dem warmen See und dem einen Tag früher gebauten Kanal in Berührung gerät, und die Arbeit wird solange fortgesetzt, bis jeder Punkt des
bleibenden Landes höchstens den Abstand 1 zum Wasser des warmen Sees
hat. Am dritten Tag wird ein solcher Kanal vom Meer aus vorgetrieben.

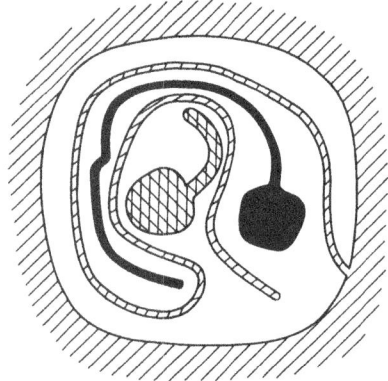

Abb. 36

An den folgenden drei Tagen werden die Kanäle so weiter vorgetrieben,
daß sich für jeden Punkt im Abstand von höchstens $\frac{1}{2}$ Wasser der beiden
Seen und des Meeres befindet. An den darauffolgenden drei Tagen wird die
Dichte des Kanalnetzes so erweitert, daß jedes Wasser nicht weiter als
$\frac{1}{4}$ von jedem Punkt des verbleibenden Landes entfernt ist, usw. Wir
bemerken, daß nach jedem Arbeitstag das verbleibende Land ein zusammenhängendes Stück ist, so daß wir es am darauffolgenden Tag mit einem noch
dichteren Kanalnetz überdecken können.

Im Grenzfall erhalten wir Netze aus warmem, kaltem und Meerwasser,
die nirgends zusammenfließen. Jedoch ist das, was vom Land verbleibt,
bereits eine Kurve, wobei sich beliebig dicht bei jedem Punkt dieser Kurve
warmes, kaltes und Meerwasser befindet. Mit anderen Worten, diese Kurve
wird in ihrer gesamten Ausdehnung von drei Gebieten begrenzt: dem Meer
mit seinen Kanälen, dem kalten See mit seinen Kanälen und dem warmen See
mit seinen Kanälen.

EUKLID gibt noch eine dritte Beschreibung einer Kurve: Eine Fläche hat
zwei Ausdehnungen, eine Kurve hat eine Ausdehnung und ein Punkt

hat keine Ausdehnung. Viele Mathematiker versuchten zu definieren, was die *Dimension* (die Zahl der Ausdehnungen) einer Figur ist. Die abschließende Klärung der Bedeutung dieses Begriffes und die Begründung der Dimensionstheorie ist Verdienst von P. S. URYSON (1898—1924) und K. MENGER (geb. 1902).

Man sagt, daß eine Menge A, die in einer Figur X eingebettet ist, den Punkt a vom Punkt b trennt, wenn es in X keine zusammenhängende Menge gibt, die beide Punkte a und b enthält und zu A disjunkt ist. Beispielsweise trennt die Oberfläche der Kugel (die Sphäre) im Raum die inneren Punkte der Kugel von den äußeren (Abb. 37a). Somit kann man im dreidimensionalen Raum Punkte mit Hilfe von zweidimensionalen Figuren trennen. In der Ebene (die selbst eine zweidimensionale Figur ist) kann man einen Punkt sowie die in seiner Nähe liegenden Punkte von den restlichen Punkten mit Hilfe einer eindimensionalen Figur trennen (d. h. einer Kurve, Abb. 37b). Schließlich kann man auf einer Geraden (d. h. einer eindimensionalen Figur) einen Punkt a sowie die in seiner unmittelbaren Nähe liegenden Punkte von den restlichen Punkten der Geraden mit Hilfe einer Figur A trennen, die aus zwei Punkten m und n besteht (Abb. 37c), d. h. mit Hilfe einer nulldimensionalen Figur.

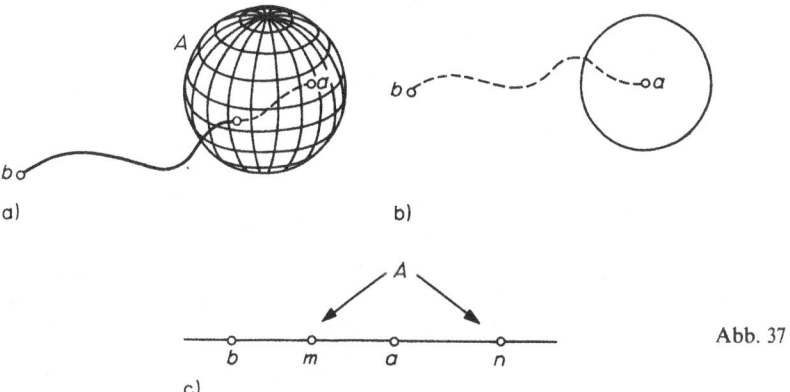

a)   b)

Abb. 37

c)

Somit kann man in einer Figur, die n Ausdehnungen hat (oder, wie man sagt, eine *n-dimensionale* Figur ist), die Trennung eines Punktes sowie der Punkte in seiner Nähe vom restlichen Teil der Figur mit Hilfe einer Figur durchführen, die eine geringere Ausdehnung als die gesamte Figur hat. Hieraus entsteht die Idee, zu definieren, was wir unter einer nulldimensionalen Figur verstehen wollen, hiermit eindimensionale Figuren (d. h. Kurven) zu definieren, nun mit Hilfe eindimensionaler Figuren zweidimensionale Figuren zu definieren usw.

Wir werden sagen, daß *eine Figur X nulldimensional ist, wenn es in ihr keine zusammenhängende Figur gibt, die mehr als einen Punkt enthält.* Beispielsweise ist eine Figur, die aus endlich vielen Punkten besteht, nulldimensional. Die Figur A aus Beispiel 15 ist ebenfalls nulldimensional.

Ist schon definiert, welche Figuren $(n - 1)$-dimensional sind, dann werden *n-dimensionale* Figuren als solche Figuren definiert, die nicht $(n - 1)$-dimensional sind und in denen jeder beliebige Punkt sowie die in seiner Nähe befindlichen Punkte vom restlichen Teil der Figur mit Hilfe einer $(n - 1)$-dimensionalen Figur (oder einer Figur mit noch geringerer Dimension) getrennt werden können. Das ist gerade die Urysonsche Definition der Dimension.

Beispiel 17. Ein beliebiger Graph ist eine eindimensionale Figur, d. h. eine Kurve. In der Tat, einen Punkt x sowie die Punkte in seiner Nähe kann man vom restlichen Teil des Graphen mit Hilfe einer endlichen (d. h. nulldimensionalen) Menge trennen: die trennende Menge enthält zwei Punkte, wenn a ein innerer Punkt einer Kante ist (a_1 auf Abb. 38), und k Punkte, wenn a ein Knotenpunkt vom Index k ist (a_2 auf Abb. 38).

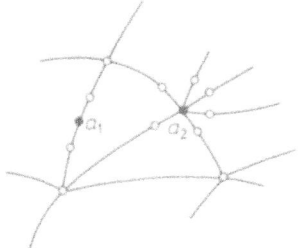

Abb. 38

Beispiel 18. Der polnische Mathematiker SIERPIŃSKI konstruierte eine interessante Kurve. Wir teilen ein Quadrat in neun Quadrate und nehmen aus ihm

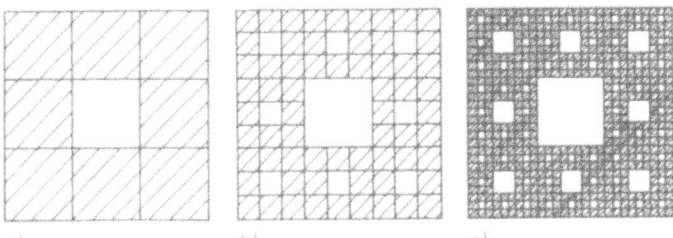

Abb. 39

a)   b)   c)

das mittlere heraus (Abb. 39a). Jedes der verbleibenden Quadrate teilen wir wieder in neun Quadrate und nehmen aus ihnen das mittlere heraus (Abb. 39b). Ebenso verfahren wir mit jedem der verbleibenden Quadrate (Abb. 39c). Im Grenzfall erhalten wir eine eindimensionale Figur C, d. h. eine Kurve (den sogenannten *Sierpińskischen Teppich*).

Die Figur C ist eine *universelle* ebene Kurve: *Wenn eine Kurve in die Ebene eingebettet werden kann, dann kann sie in den Sierpińskischen Teppich eingebettet werden*, d. h., es gibt eine Kurve $l' \subset C$, die homöomorph zu l ist. Es ist klar, daß eine Kurve, die sich nicht in die Ebene einbetten läßt, auch nicht in den Sierpińskischen Teppich eingebettet werden kann. Jedoch gibt es im Raum eine Kurve (analog zum Sierpińskischen Teppich, Abb. 40),

Abb. 40

in die, wie vom österreichischen Mathematiker MENGER gezeigt wurde, jede beliebige Kurve eingebettet werden kann.

Aufgaben

49. Gibt es in der Ebene eine Kurve, die gleichzeitig Rand von 20 Gebieten ist?

50. Man zeige, daß die Diagonale in einem Quadrat, in dem ein Sierpińskischer Teppich gegeben ist, C in einer nulldimensionalen Menge schneidet. Man leite hieraus her, daß der Sierpińskische Teppich eine eindimensionale Figur, d. h. eine Kurve ist.

51. Man zeige, daß die Eigenschaft einer Figur, eine Kurve zu sein, eine topologische Invariante ist.

1.8.   Peanokurven

Oft gibt man noch eine anschauliche Beschreibung: ,,Eine Kurve ist die Spur eines bewegten Punktes".

Beispiel 19. Ein bewegter Punkt durchlaufe die in Abb. 41 dargestellte Figur auf zwei verschiedene Weisen (durch die fette Linie ist der Weg dargestellt, der zu einem bestimmten Zeitpunkt bereits durchlaufen ist, durch die gestrichelte wird die weitere Bewegung gezeigt). In beiden Fällen durchläuft der Punkt ein und dieselbe Figur, d. h., die *Spur* des bewegten Punktes ist eindeutig, aber die Wege sind verschieden.

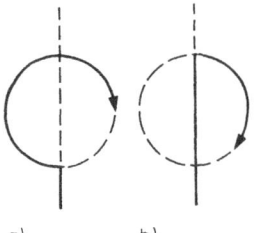

Abb. 41

a)   b)

Wir geben eine exakte Definition des Begriffes *Weg*. In einer Figur A bewege sich ein Punkt, beginnend zum Zeitpunkt $t = 0$ bis zum Zeitpunkt $t = 1$. Zu jedem Zeitpunkt t (für $0 \leq t \leq 1$) sei die Lage $a(t)$ des bewegten Punktes bekannt, d. h., jedem Punkt t des Intervalls [0, 1] ist ein Punkt $a(t) \in A$ zugeordnet. Man erhält eine Abbildung des Intervalls [0, 1] in die Figur A, wobei diese Abbildung stetig ist, d. h., $a(t)$ bewegt sich stetig zur Änderung von t. Diese Abbildung stellt einen Weg dar. Wir kommen zu folgender

Definition: *Jede stetige Abbildung des Intervalls* [0, 1] *in die Figur A heißt Weg* (in dieser Figur).

Jeden einfachen Bogen kann man sich als Weg vorstellen (denn ein einfacher Bogen wird mit Hilfe einer homöomorphen Abbildung eines Intervalls erhalten, und eine homöomorphe Abbildung ist stetig). Insbesondere kann man die Kurve aus Beispiel 15 (die „Platz" benötigte), als Spur eines bewegten Punktes ansehen. Das zeigt schon, daß der Begriff des Weges nicht allzu einfach ist. Das folgende Beispiel bestätigt das noch.

Beispiel 20. Wir zeigen, daß man einen Weg konstruieren kann, der durch jeden Punkt des Quadrates geht. Mit anderen Worten, es gibt eine stetige Abbildung des Intervalls auf das gesamte Quadrat; solche Wege werden *Peanokurven* genannt. Um eine Peanokurve zu erhalten, konstruieren wir im Quadrat Q sich immer mehr windende „Streifen-Labyrinthe"; wir werden das Quadrat in 4, 16, 64, ..., 4^n, ... kongruente Quadrate (Abb. 42) einteilen, und danach verbieten wir das Überqueren einiger ihrer Kanten (Abb. 43), indem wir auf ihnen Trennwände errichten, wobei diese Trennwände, wenn sie einmal errichtet sind, auch in allen folgenden Etappen der Konstruktion erhalten bleiben. Die Mittellinien der auf diese Weise erhaltenen Streifen (gestrichelte Linien in Abb. 43) stellen im Grenzfall den das ganze Quadrat ausfüllenden Weg dar, d. h. eine Peanokurve. Genauer kann man diesen Weg wie folgt beschreiben. Wir betrachten eine stetige Abbildung des Intervalls [0, 1] auf die erste gestrichelte Linie (Abb. 43a), wobei das Intervall [0, $\frac{1}{4}$] auf den Teil der Linie abgebildet wird, der im linken unteren Viertel des großen Quadrats liegt, das Intervall [$\frac{1}{4}$, $\frac{1}{2}$] auf den im linken oberen Quadrat liegenden Teil und die Intervalle [$\frac{1}{2}$, $\frac{3}{4}$] und [$\frac{3}{4}$, 1] auf die Teile der Viertel, die im rechten (oberen und unteren) Teil des Quadrats liegen. Diese Abbildung bezeichnen wir mit $f_1(t)$ (wobei $0 \leqq t \leqq 1$ ist). Weiterhin bezeichnen wir mit $f_2(t)$ eine Abbildung des Intervalls [0, 1] auf die zweite gestrichelte Linie (Abb. 43b), bei der die Intervalle [0, $\frac{1}{16}$], [$\frac{1}{16}$, $\frac{2}{16}$], ... , [$\frac{15}{16}$, 1] auf die aufeinanderfolgenden Teile der Linie abgebildet werden, die in den 16 Quadraten der zweiten Etappe liegen. Analog wird $f_3(t)$ eine Abbildung des Intervalls [0, 1] auf die gestrichelte Linie der dritten Etappe (Abb. 43c) usw. Die Grenze der Funktionenfolge $f_1(t), f_2(t), f_3(t), \dots$ ist eine Abbildung $f : [0, 1] \rightarrow Q$, d. h. irgendein Weg im Quadrat Q; weiterhin ist er auch eine Peanokurve. Man macht sich leicht klar, daß diese Grenze existiert. Dazu betrachten wir den Punkt $\frac{1}{3} \in [0, 1]$. Da $\frac{1}{3}$ im zweiten der vier Abschnitte des Intervalls [0, 1] liegt, d. h. $\frac{1}{3} \in [\frac{1}{4}, \frac{1}{2}]$, liegt der Punkt $f_1(\frac{1}{3})$ im linken oberen Quadrat in Abb. 42a. Wegen $\frac{1}{3} \in [\frac{5}{16}, \frac{6}{16}]$ liegt $f_2(\frac{1}{3})$ im sechsten der Quadrate, die durch die gestrichelte Linie in Abb. 43b durchlaufen werden (d. h. im linken oberen Quadrat in Abb. 42b). Da nun $\frac{1}{3} \in [\frac{21}{64}, \frac{22}{64}]$ ist, liegt $f_3(\frac{1}{3})$ im 22. Quadrat, das durch die gestrichelte Linie in Abb. 43c durchlaufen wird, d. h. im linken oberen Quadrat in Abb. 42c) usw. Die Grenze der Folge dieser ständig kleiner werdenden Quadrate (von denen die kleineren vollständig in den größeren enthalten sind), d. h. in unserem Fall, die linke obere Ecke des Quadrats, wird der Punkt $f(\frac{1}{3})$. Analog wird für jedes $t \in [0, 1]$ der Punkt $f(t)$ definiert.

Es sei darauf hingewiesen, daß die Peanokurve kein einfacher Bogen ist:

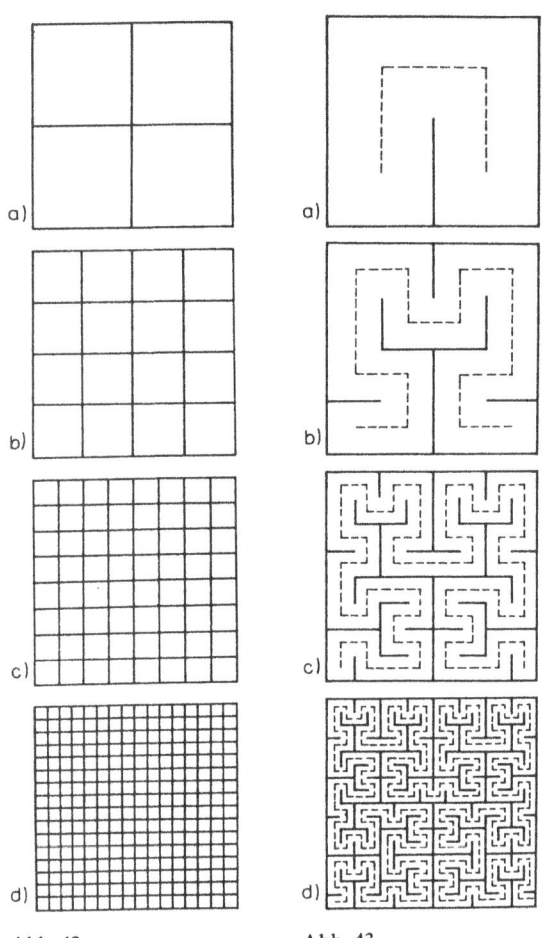

Abb. 42   Abb. 43

Sie besitzt unendlich viele „zusammengeklebte" Punkte (d. h., im Quadrat gibt es unendlich viele Punkte, durch die der eben konstruierte Weg $f(t)$ mehr als einmal hindurchgeht).

Aufgaben

52. Man zeige, daß es im Quadrat Q Punkte gibt, durch die unsere Peanokurve $f(t)$ viermal hindurchgeht, aber keinen Punkt, durch den sie fünfmal hindurchgeht.

53. Gibt es eine räumliche Peanokruve, d. h. einen Weg in einem Quader, der den ganzen Quader ausfüllt?

54. Wir legen in eine horizontale Ebene ein Quadrat und betrachten einen Weg $f(t)$, der eine Peanokurve in diesem Quadrat darstellt. Mit $g(t)$ bezeichnen wir denjenigen Punkt im Raum, der über dem Punkt $f(t)$ in der Höhe t liegt (Abb. 44). Man zeige: Wenn t das Intervall $[0, 1]$ durchläuft, dann durchläuft $g(t)$ einen Weg im Raum, der ein einfacher Bogen ist. Man zeige, daß die Projektion dieses einfachen Bogens auf die horizontale Ebene das ganze Quadrat Q ausfüllt. Mit anderen Worten, wir haben eine Kurve konstruiert (einen einfachen Bogen), die sich als ein verzwicktes „Dach" über dem gesamten Quadrat Q erweist.

Dieses Beispiel zeigt, daß nicht nur der Begriff des Weges, sondern auch der Begriff des einfachen Bogens nicht so einfach ist, wie er auf den ersten Blick erscheint.

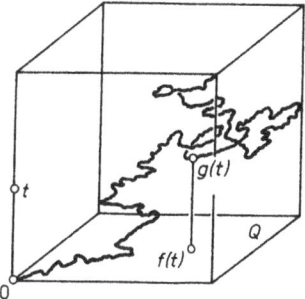

Abb. 44

2. Die Topologie der Flächen

2.1. Der Satz von Euler

In der folgenden Tabelle sind für die fünf Platonischen Körper die Anzahlen der Ecken, Kanten und Flächen angegeben.

Bezeichnung des Polyeders	Anzahl der Ecken	Anzahl der Kanten	Anzahl der Flächen
Tetraeder	4	6	4
Würfel	8	12	6
Oktaeder	6	12	8
Dodekaeder	20	30	12
Ikosaeder	12	30	20

Beim Betrachten dieser Tabelle wird sichtbar, daß für jedes Platonische Polyeder folgende Beziehung gilt:

$$E - K + F = 2 \qquad (6)$$

wobei E die Anzahl der Ecken, K die Anzahl der Kanten und F die Anzahl der Flächen des Polyeders bezeichnen. Die Beziehung (6) kann man auch leicht für Pyramide, Prisma und andere Polyeder überprüfen. EULER erkannte und bewies als erster diese wichtige Eigenschaft der Polyeder.

Wir präzisieren die Formulierung des Satzes von EULER. Zunächst sei darauf hingewiesen, daß jede Fläche der betrachteten Polyeder homöomorph zur Kreisfläche ist! Weiterhin ist die Oberfläche jedes der betrachteten Polyeder (oder, allgemeiner jedes konvexen Polyeders) homöomorph zur Sphäre: Ist o ein beliebiger innerer Punkt des Polyeders und bezeichnet S eine im Inneren des Polyeders enthaltene Sphäre mit dem Zentrum o, so ist die Projektion der Oberfläche des Polyeders auf die Sphäre S mit dem Projektionszentrum o der gesuchte Homöomorphismus. Somit lautet der Satz von EULER in der präzisierten Form: *Für jedes Polyeder, dessen Oberfläche homöomorph zur Sphäre ist und dessen sämtliche Flächen homöomorph zum Kreis sind, ist die Beziehung (6) gültig.* Man kann diesem Satz eine rein topologische Formulierung geben. Dafür verweisen wir darauf, daß alle Ecken und Kanten eines Polyeders einen zusammenhängenden Graphen bilden, der die Oberfläche des Polyeders in einzelne Flächenstücke teilt, d. h. in zur Kreisfläche homöomorphe Stücke. Wir erhalten folgenden Satz (der etwas allgemeiner ist als der Satz von EULER):

Auf der Sphäre (oder einer zu ihr homöomorphen Oberfläche) sei ein zusammenhängender Graph gezeichnet, der E Ecken und K Kanten besitzt und die Sphäre in F Gebiete („Flächen") teilt. Dann ist die Beziehung (6) gültig.

Die Idee für den Beweis dieses Satzes ist in Aufgabe 55 enthalten.

Aufgaben

55. Es sei G ein zusammenhängender Graph, der auf der Sphäre gelegen ist. Ferner sei G* ein maximaler Baum von G und k die Anzahl der weggelassenen Kanten (d. h. der Kanten des Graphen G, die nicht in G* enthalten sind). Man zeige, daß der Graph G* auf der Sphäre G nur ein Gebiet (Stück) definiert und daß deshalb für ihn die Beziehung (6) gültig ist. Man zeige, daß das Hinzufügen einer beliebigen weggelassenen Kante die Anzahl der Stücke um 1 erhöht, und man leite hieraus den Satz von EULER her.

56. Man zeige, daß für jeden beliebigen zusammenhängenden Graphen, der in der Ebene gelegen ist, die Beziehung (6) gültig ist (zur Anzahl der „Stücke" muß man hierbei das umgebende, unbeschränkte Gebiet hinzurechnen).

57. Es sei G ein Graph, der in der Ebene gelegen ist. Man zeige, daß er bei jeder Einbettung in die Ebene diese in $r - E + K + 1$ Gebiete teilt, wobei r die Anzahl der Komponenten des Graphen G und E bzw. K die Anzahl der Knotenpunkte bzw. der Kanten sind.

58. Ein konvexes n-Eck sei in Dreiecke zerlegt, die sich jeweils längs ganzer Seiten berühren (Abb. 45). Dabei liegen auf den Seiten des n-Ecks m Punkte der Zerlegung und in seinem Inneren p Punkte. Man zeige, daß das m-Eck in $m + n + 2p - 2$ Dreiecke zerlegt wird.

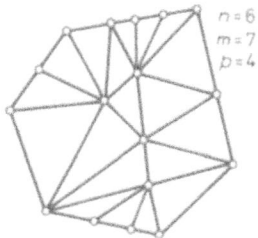
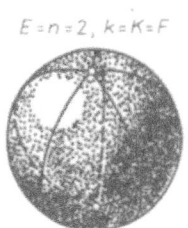
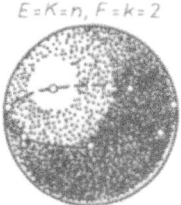

Abb. 45   Abb. 46

59. Wir bezeichnen mit n_3 die Anzahl der dreieckigen Flächen eines konvexen Polyeders, mit n_4 die Anzahl der viereckigen Flächen usw. Man zeige, daß

$$3n_3 + 2n_4 + n_5 \geqq 12 + n_7 + 2n_8 + 3n_9 + 4n_{10} + \cdots$$

gilt. Wann gilt Gleichheit?

60. Man sagt, daß ein zusammenhängender Graph, der auf der Sphäre gelegen ist, eine *topologisch regelmäßige Zerlegung* der Sphäre definiert, wenn jede Fläche dieser Zerlegung ein n-Eck ist (d. h. von einer geschlossenen Kette aus n Kanten begrenzt wird) und in jedem Knotenpunkt k Flächen zusammentreffen. Man zeige, daß in diesem Fall die folgende Gleichung gilt:

$$\frac{1}{n} + \frac{1}{k} = \frac{1}{2} + \frac{1}{K}$$

Hierbei ist K die Anzahl der Kanten. Man leite hieraus her, daß es außer den Zerlegungen, die topologisch äquivalent zu den fünf Platonischen Körpern sind, nur noch zwei Typen topologisch regelmäßiger Zerlegungen gibt; diese sind in Abb. 46 dargestellt.

2.2.   Flächen

Beispiel 21. In Abb. 47 ist ein „Buch mit drei Seiten" dargestellt. In der Nähe der Punkte x, y und z ist diese Figur verschieden aufgebaut. Die Umgebung des Punktes y hat die Form eines Halbkreises, wobei der Punkt y auf dessen Rand liegt. In diesem Fall sagt man, daß der Punkt y auf dem Rand der Figur liegt. Die Umgebung des Punktes z besteht aus drei Halbkreisen, die an ihrem gemeinsamen Durchmesser vereinigt sind; man sagt, daß sich an dieser Stelle die Figur *verzweigt* (d. h., an eine Kurve grenzen drei oder mehr Blätter der betrachteten Figur an). Schließlich hat der Punkt x eine Umgebung von der Form einer Kreisfläche, wobei der Punkt x im Inneren dieses Kreises liegt; hierbei hat die Figur weder einen Rand noch eine Verzweigung.

Eine Figur, bei der jeder Punkt x eine Umgebung hat, die homöomorph zur Kreisfläche ist (wobei der Punkt x im Inneren dieses Kreises liegt), heißt

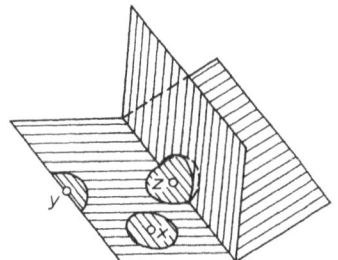

Abb. 47

Fläche. Eine Fläche besitzt weder einen Rand noch Verzweigungen. Die Sphäre und der Torus sind Flächen. Man betrachtet auch *berandete Flächen.* Sie haben einen Rand, aber keine Verzweigungen. Die Kreisfläche ist eine berandete Fläche. Eine Sphäre, in die einige runde Löcher geschnitten sind (Abb. 48), ist ebenfalls eine berandete Fläche.

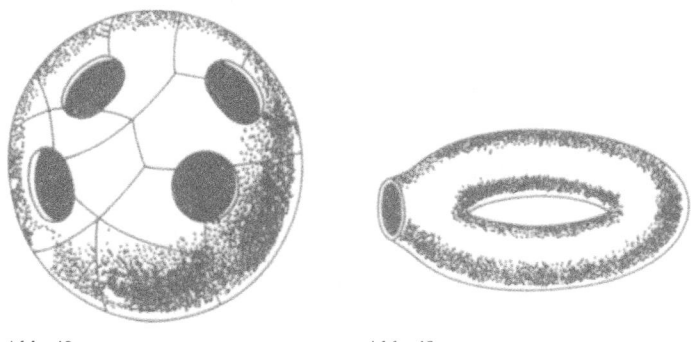

Abb. 48   Abb. 49

Beispiele 22. Schneiden wir in den Torus ein rundes Loch, so erhalten wir eine berandete Fläche, die *Henkel* genannt wird (Abb. 49).

Beispiel 23. Ein interessantes Beispiel einer berandeten Fläche wurde in den Jahren 1862 bis 1865 in den Arbeiten der deutschen Mathematiker MÖBIUS und LISTING beschrieben. Man konstruiert diese Fläche, indem man ein rechteckiges Band (Abb. 50a) einmal verdreht (Abb. 50b, c) und danach an den Enden verheftet. Die so entstandene berandete Fläche (Abb. 50d) heißt *Möbiusband.* Diese Fläche hat nur eine Seite. Wandern wir beispielsweise mit einem Pinsel um das Möbiusband herum (Abb. 51), so gelangen wir zu genau demselben Ort, an dem wir mit dem Malen begonnen haben, aber auf der entgegengesetzten Seite. Bewegen wir den Pinsel weiter, so bemalen wir das

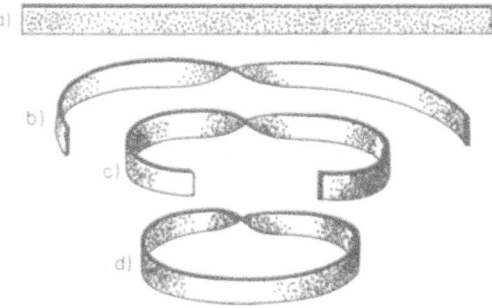

Abb. 50

4*

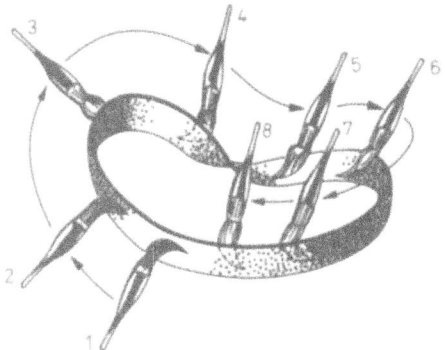

Abb. 51

gesamte Möbiusband und haben uns davon überzeugt, daß es nicht zwei Seiten hat.

Es versteht sich, daß eine anschauliche Beschreibung einer einseitigen Fläche mittels Färbung nur für „dicke Flächen" möglich ist, die aus irgendeinem Material gefertigt sind. Mathematisch besitzt die Fläche jedoch keine Dicke. Deshalb geben wir eine andere Beschreibung der Einseitigkeit. In jedem Punkt a des Möbiusbandes kann man zwei entgegengesetzt gerichtete Vektoren anbringen, die in diesem Punkt senkrecht auf dem Möbiusband stehen (Abb. 52a). Diese Vektoren heißen *Normalen* des Möbiusbandes im Punkt a. Wir wählen einen von ihnen und beginnen, den Punkt a zusammen mit der Normalen des Möbiusbandes zu bewegen (Abb. 52b). Umkreist der Punkt a das gesamte Möbiusband, so geht die sich hierbei mitbewegende Normale

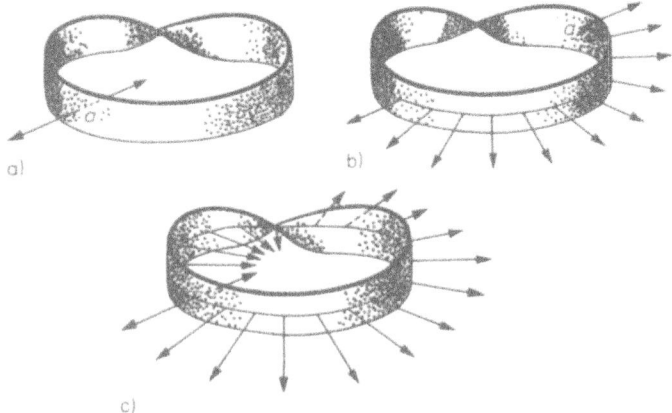

Abb. 52

nicht in ihre Ausgangslage zurück, sondern ist entgegengesetzt gerichtet (Abb. 52c). *Somit gibt es auf dem Möbiusband einen geschlossenen Weg (Umlauf), längs dessen, wenn man ihn durchläuft, die Normale ihre Richtung umkehrt.* Flächen mit dieser Eigenschaft heißen *einseitig*.

Reden wir jedoch über Normalen, so untersuchen wir nicht nur die Fläche selbst, sondern auch ihre Lage im Raum. Deshalb geben wir jetzt eine innere Definition für die Einseitigkeit einer Fläche. Es wird jedem Punkt a, der kein Randpunkt ist, eine kleine Kreislinie zugeordnet, die um diesen Punkt herumführt. Auf ihr wird durch Pfeile eine Richtung festgelegt, die dem Uhrzeigersinn entgegengesetzt ist, wenn man den Kreis vom Ende einer aus a herausgeführten Normalen betrachtet (Abb. 53a). Wird der Punkt a bewegt, so verändert sich gemeinsam mit ihm die Normale und ebenso die Kreislinie mit der auf ihr festgelegten Richtung. Führen wir die Kreislinie um das gesamte Möbiusband herum, so kehrt sich die Richtung auf der Kreislinie in die entgegengesetzte Richtung um (da die Normale ihre Richtung ändert, Abb. 53b). Somit gibt es auf dem Möbiusband einen solchen geschlossenen Weg (Umlauf), daß bei der Bewegung des Kreises längs dieses Weges sich die Richtung auf der Kreislinie umkehrt. Ein solcher Weg heißt ein *orientierungsumkehrender Umlauf*.

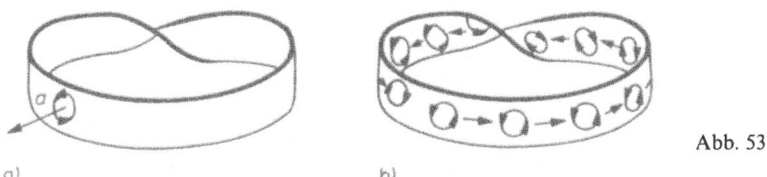

Abb. 53

a)   b)

Gibt es auf der Fläche keinen die Richtung umkehrenden Umlauf, so heißt sie *orientierbar* (oder *zweiseitig*). Existiert dagegen ein solcher, so heißt sie *nichtorientierbar* (oder *einseitig*). Anschaulich bedeutet Orientierbarkeit, daß man die gesamte Fläche derart mit kleinen Kreislinien überdecken und auf ihnen eine Richtung auszeichnen kann, daß benachbarte Kreise gleichorientiert sind.

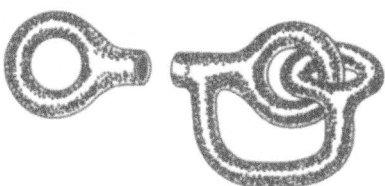

Abb. 54

Es seien Q_1 und Q_2 zwei Flächen, die beide einen zur Kreislinie homöomorphen Rand besitzen (Abb. 54). Indem wir die Ränder dieser Flächen vereinigen (verkleben), erhalten wir eine neue Fläche. Man sagt, daß das Loch in der Fläche Q_1 mit der Fläche Q_2 verklebt wird.

Beispiel 24. Wir betrachten eine Sphäre, in die p runde Löcher geschnitten sind, und verkleben jedes dieser Löcher mit einem Henkel. Die Fläche, die man so erhält (Abb. 55a), heißt *Sphäre mit p Henkeln*. Eine Sphäre mit einem Henkel ist homöomorph zum Torus (Abb. 55b), und die Sphäre mit zwei Henkeln ist eine Brezel (man erhält sie, indem man zwei Henkel miteinander verklebt, Abb. 55c).

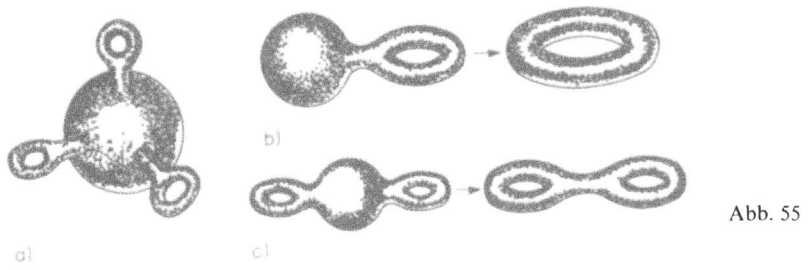

Abb. 55

Aufgaben

61. Man zeige, daß der Graph „Häuser und Brunnen" (Beispiel 12) auf das Möbiusband gelegt werden kann (ohne Überschneidungen).

62. Bei der „gezahnten" Figur, die in Abb. 56a dargestellt ist, werden mit einer Drehung je zwei Abschnitte verklebt, die gleich bezeichnet sind (Abb. 56b). Man zeige, daß die so entstehende Fläche einseitig ist und einen Rand besitzt, der homöomorph zur Kreislinie ist.

63. In eine Kugel sind drei durchgehende zylindrische Löcher gebohrt, die nirgends zusammentreffen. Man zeige, daß die Oberfläche des so erhaltenen Körpers homöomorph zur Sphäre mit drei Henkeln ist.

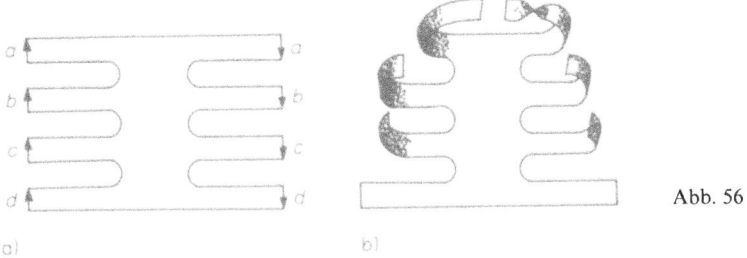

Abb. 56

64. In eine Kugel sind drei durchgehende zylindrische Löcher gebohrt, deren Achsen durch den Mittelpunkt der Kugel gehen. Man zeige, daß die Oberfläche des so erhaltenen Körpers homöomorph zur Sphäre mit fünf Henkeln ist.

65. Verklebt man paarweise die gegenüberliegenden Seiten eines Quadrats und berücksichtigt man dabei die in Abb. 57a angegebenen Richtungen, so erhält man einen Torus (Abb. 57b, c und d). Welche Fläche erhält man, wenn die Verklebung mit der Figur in Abb. 58 unter Berücksichtigung der angegebenen Richtung durchführt (die Seite c bleibt dabei unverklebt)?

66. Welche Fläche erhält man, wenn man im $4k$-Eck von Abb. 59 paarweise die gleichbezeichneten Seiten miteinander verklebt und dabei die angegebene Richtung berücksichtigt?

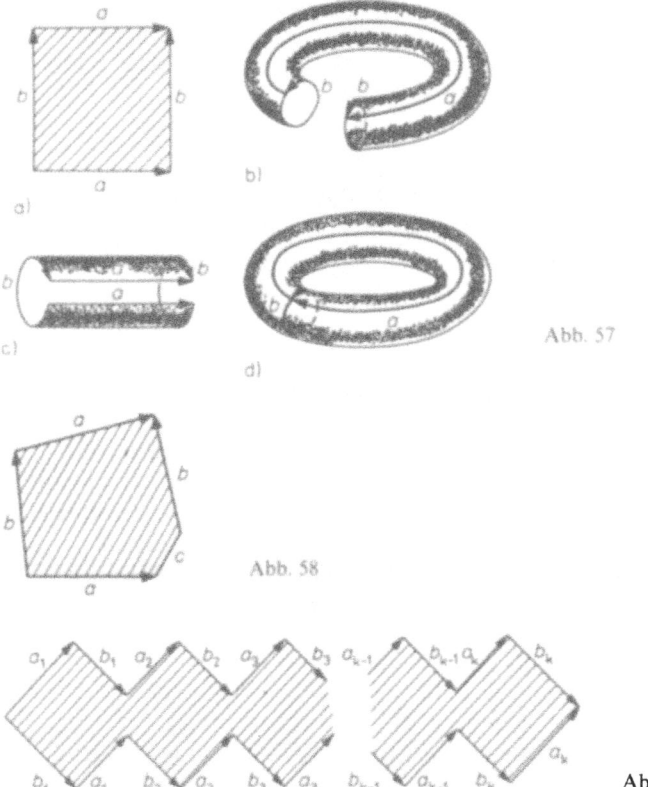

Abb. 57

Abb. 58

Abb. 59

Nun kommen wir zur Formulierung des Satzes über die *topologische Klassifizierung der Flächen*, der im vergangenen Jahrhundert von MÖBIUS und dem französischen Mathematiker JORDAN gefunden wurde. Wir vereinbaren, nur geschlossene Flächen zu betrachten (die keinen Rand besitzen und die Zerlegung in eine endliche Anzahl von Polygonen gestatten). Die Ebene beispielsweise ist keine geschlossene Fläche. Ein endlicher Graph, der auf die Ebene gelegt wird, teilt sie nicht in Gebiete, die alle homöomorph zur Kreisfläche sind. Die Aufgabe der topologischen Klassifizierung der Flächen besteht darin, daß *man solche paarweise nicht homöomorphe geschlossene Flächen angibt, daß jede beliebige geschlossene Fläche zu einer von ihnen homöomorph ist.* Anders gesagt, man muß *alle topologisch verschiedenen geschlossenen Flächen aufzuzählen.*

Die Lösung dieser Aufgabe betrachten wir zunächst für die orientierbaren Flächen. Wir bezeichen mit P_0 die Sphäre und mit P_k die Sphäre mit k Henkeln. Es zeigt sich, daß *die Flächen*

$$P_0, P_1, P_2, \dots, P_k, \dots \tag{7}$$

eine vollständige Klassifizierung der geschlossenen orientierbaren Flächen geben, d. h., wir haben hier alle topologisch verschiedenen Typen solcher Flächen aufgelistet. Der Beweis hierfür wird in den folgenden beiden Abschnitten gegeben.

2.3.   Die Eulersche Charakteristik der Flächen

Es sei Q eine Fläche (mit oder ohne Rand, ein- oder zweiseitig), die eine *Zerlegung in Polygone* erlaubt; d. h., man kann auf der Fläche einen Graphen „zeichnen", der die Fläche in eine endliche Anzahl von Stücken zerlegt, die alle homöomorph zur Kreisfläche sind. Wir bezeichnen die Anzahl der Knotenpunkte und Kanten mit E bzw. K und die Anzahl der Polygone, in die Q durch diesen Graphen zerlegt wird, mit F. Die Zahl

$$\chi(Q) = E - K + F \tag{8}$$

heißt *Eulersche Charakteristik* der Fläche Q. Genauer gesagt, wird $\chi(Q)$ nicht durch die Fläche Q, sondern durch die auf ihr gewählte Zerlegung in Polygone bestimmt. Jedoch zeigt der Satz von EULER, daß für eine Fläche Q, die homöomorph zur Sphäre ist, die Eulersche Charakteristik unabhängig von der gewählten Zerlegung in Polygone ist: $\chi(Q) = 2$ (siehe (6)). Wir zeigen, daß *für jede Fläche Q die Eulersche Charakteristik $\chi(Q)$ von der Wahl* *der Zerlegung in Polygone unabhängig ist und durch die Fläche selbst bestimmt wird.* Somit ist die Eulersche Charakteristik eine topologische Invariante.

Auf der Fläche Q seien zwei Graphen G_1 und G_2 gegeben, die beide eine Zerlegung der Fläche in zur Kreisscheibe homöomorphe Polygone liefern. Die Anzahl der Knotenpunkte, Kanten und Flächen, die durch den Graphen G_1 bestimmt werden, bezeichnen wir mit E_1, K_1 bzw. F_1 und die entsprechenden Zahlen für die durch G_2 bestimmte Zerlegung mit E_2, K_2 bzw. F_2. Es kann der Fall eintreten, daß sich die Graphen G_1 und G_2 in unendlich vielen Punkten schneiden. Indem wir jedoch den Graphen G_1 „leicht bewegen", können wir erreichen, daß sich G_1 und G_2 nur in einer endlichen Anzahl von Punkten schneiden.

Ist der Graph $G_1 \cup G_2$ nicht zusammenhängend, so können wir durch eine geringfügige Bewegung von G_1 und G_2 erreichen, daß sie gemeinsame Punkte besitzen und daß somit ihre Vereinigung zusammenhängend ist. Somit können wir voraussetzen, daß die Graphen G_1 und G_2 sich nur in einer endlichen Zahl von Punkten schneiden und eine zusammenhängende Vereinigung haben. Wir fassen alle Schnittpunkte der beiden Graphen sowie ihre Knotenpunkte als neue Knotenpunkte auf. Dann ist $G_1 \cup G_2$ ein endlicher zusammenhängender Graph (seine Kanten sind die Stücke der Kanten der Graphen G_1 und G_2, in die die alten Kanten durch die Punkte des Graphen $G_1 \cup G_2$ zerlegt werden).

Wir bezeichnen mit E und K die Anzahl der Knotenpunkte bzw. die Anzahl der Kanten des Graphen $G_1 \cup G_2$ und mit F die Anzahl der Flächen, in die $G_1 \cup G_2$ die Fläche Q zerlegt. Wir wollen die folgenden Gleichungen beweisen:

$$\left. \begin{array}{l} E_1 - K_1 + F_1 = E - K + F, \\ E_2 - K_2 + F_2 = E - K + F. \end{array} \right\} \tag{9}$$

Aus ihnen folgt dann $E_1 - K_1 + F_1 = E_2 - K_2 + F_2$. Beide Gleichungen aus (9) lassen sich analog beweisen. Wir zeigen die erste.

Es sei M eines der Polygone („Flächen"), die durch den Graphen G_1 bestimmt werden. Wir bezeichnen die Anzahl der Knotenpunkte und Kanten des Graphen $G_1 \cup G_2$, die im Inneren von M gelegen sind (nicht auf dem Rand), mit E' bzw. K' und die Anzahl der Knotenpunkte (d. h. auch der Kanten) dieses Graphen, die auf dem Rand des Polygons M gelegen sind, mit q. Weiterhin bezeichnen wir die Anzahl der Flächen, die durch den Graphen $G_1 \cup G_2$ definiert werden und in M enthalten sind, mit F'. In Abb. 60 haben wir $E' = 4$, $K' = 12$, $F' = 9$, $q = 15$.

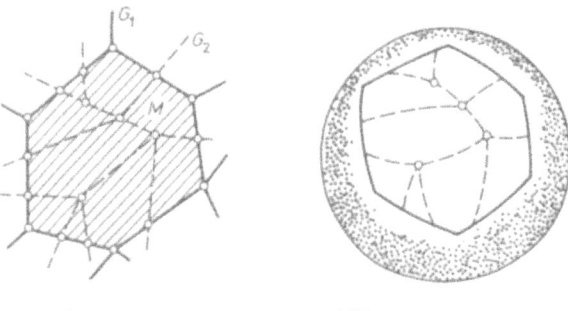

Abb. 60   Abb. 61

Aus der Fläche Q schneiden wir jetzt das Polygon M (zusammen mit dem auf ihm befindlichen Teil des Graphen $G_1 \cup G_2$) heraus. Da M homöomorph zur Kreisfläche und damit auch zur Halbsphäre ist, kann man sie durch die zweite („untere") Halbsphäre zu einer Fläche ergänzen, die homöomorph zur Sphäre ist (Abb. 61). Auf dieser Sphäre ist ein zusammenhängender Graph gelegen, der $E' + q$ Knotenpunkte und $K' + q$ Kanten besitzt und $F' + 1$ Flächen definiert (F' Flächen sind in M enthalten, und eine weitere ist die untere Halbsphäre). Somit erhalten wir nach (6)

$$(E' + q) - (K' + q) + (F' + 1) = 2,$$

d. h.

$$E' - K' + F' = 1 . \tag{10}$$

Wir kehren jetzt zur Fläche Q zurück, in die der Graph $G_1 \cup G_2$ eingebettet ist. Streichen wir aus dem Graphen $G_1 \cup G_2$ jenen Teil heraus, der innerhalb von M gelegen ist, so erhalten wir einen neuen Graphen, für den die Zahl $E - K + F$ dieselbe bleibt wie für den Graphen $G_1 \cup G_2$. Denn statt E' Knotenpunkten, K' Kanten und F' Flächen haben wir jetzt 0 Knotenpunkte, 0 Kanten und eine Fläche (das Polygon selbst), d. h., die Zahl $E' - K' + F'$ geht in $0 - 0 + 1$ über. Und entsprechend (10) ändert sich dadurch nichts. Jetzt ist klar: Nehmen wir aus dem Graphen $G_1 \cup G_2$ einen Teil heraus, der im Innern aller Polygone gelegen ist, die durch den Graphen $G_1 \cup G_2$ definiert werden, so erhalten wir einen neuen Graphen G^*, für den die Zahl $E - K + F$ dieselbe ist wie die für den Graphen $G_1 \cup G_2$. Mit anderen Worten, es gilt

$$E^* - K^* + F^* = E - K + F , \tag{11}$$

wobei E^* und K^* die Anzahl der Knotenpunkte bzw. Kanten des Graphen G^* bezeichnen und F^* die Anzahl der durch ihn definierten Flächen ist. Schließlich ist leicht zu sehen, daß wir aus G_1 den Graphen G^* erhalten können, indem wir einige neue Knotenpunkte auf den Kanten hinzufügen. Fügen wir aber einen neuen Knotenpunkt hinzu, so erhöht sich die Anzahl der Kanten um 1 (da beim Hinzufügen eines Knotenpunktes eine der Kanten in zwei Kanten geteilt wird). Läßt sich der Graph G^* aus G_1 erhalten, indem k neue Knotenpunkte hinzugefügt werden, so ist $E^* = E_1 + k$, $K^* = K_1 + k$. Weiterhin ist $F^* = F_1$ (da der Graph G^* dieselbe Fläche wie der Graph G_1 definiert). Damit gilt

$$E^* - K^* + F^* = (E_1 + k) - (K_1 + k) + F_1 = E_1 - K_1 + F_1 ,$$

und mit (11) gibt das die erste der beiden Gleichungen aus (9).

Somit hängt die Eulersche Charakteristik einer Fläche nicht von ihrer Unterteilung in Polygone ab, sondern wird durch die Fläche selbst festgelegt. Weiterhin ist die Eulersche Charakteristik eine topologische Invariante: Sind die Flächen Q_1 und Q_2 homöomorph, so ist $\chi(Q_1) = \chi(Q_2)$. Denn bei einem Homöomorphismus $f:Q_1 \to Q_2$ geht ein in die Fläche eingebetteter Graph G_1 in einen Graphen $G_2 = f(G_1)$ über, der in die Fläche Q_2 eingebettet ist. Hierbei ist die Anzahl der Knotenpunkte, der Kanten und der Flächen auf der Fläche Q_2 dieselbe wie auf der Fläche Q_1.

Aufgaben

67. Man zeige, daß eine Sphäre mit q Löchern die Eulersche Charakteristik $2 - q$ hat.

68. Es seien Q_1 und Q_2 zwei Flächen, die beide einen zur Kreislinie homöomorphen Rand haben. Man zeige: Verklebt man die Ränder wie in Abb. 54, so entsteht eine Fläche mit der Eulerschen Charakteristik $\chi(Q_1) + \chi(Q_2)$.

69. Welchen Wert haben die Eulerschen Charakteristiken von Kreisfläche, Henkel und Möbiusband?

70. Man zeige, daß die Eulersche Charakteristik der Fläche P_k gleich $2 - 2k$ ist.

71. Auf dem Torus gibt es topologisch regelmäßige Zerlegungen (siehe Aufgabe 60). Man zeige, daß jede Fläche ein Dreieck, Viereck oder Sechseck ist, und gebe für jeden dieser Typen eine solche regelmäßige Zerlegung an.

72. Auf einer geschlossenen Fläche Q sei ein Graph mit E Knotenpunkten und K Kanten gezeichnet. Er zerlegt die Fläche Q in F Flächenstücke (von denen möglicherweise keines zur Kreisfläche homöomorph ist). Man zeige, daß $E - K + F \geqq \chi(Q)$ ist.

Hinweis. Um die Fläche Q in Polygone zu zerlegen (die homöomorph zur Kreisfläche sind), genügt es, eine oder mehrere Operationen folgender Art auszuführen:

a) Hinzufügen eines neuen Knotenpunktes auf einer der Kanten,

b) Hinzufügen einer Kante, die nur einen Knotenpunkt mit dem bereits gezeichneten Graphen gemeinsam hat,

c) Hinzufügen einer Kante, die zwei Knotenpunkte des bereits gezeichneten Graphen verbindet.

Man zeige, daß bei jeder dieser Operationen sich die Anzahl $E - K + F$ nur vergrößern kann.

73. In die geschlossene Fläche Q sei ein Graph mit E Knotenpunkten und K Kanten eingebettet. Die Fläche Q werde durch diesen Graphen in F Gebiete zerlegt. Man zeige: Hat jedes Gebiet auf seinem Rand nicht mehr als k Kanten, so ist $(k - 2) K \leqq kE - \chi(Q)$.

2.4. Klassifizierung der geschlossenen orientierbaren Flächen

Die Flächen P_0, P_1, P_2, ... sind paarweise nicht homöomorph, da sie verschiedene Eulersche Charakteristiken haben (Aufgabe 70). Somit ist für den Beweis des am Schluß von Abschnitt 2.2 formulierten Satzes zu zeigen, daß eine beliebige geschlossene orientierbare Fläche zu einer der Flächen P_0, P_1, P_2, ... homöomorph ist. Wir führen den Beweis in mehreren Schritten.

A) Es sei Q eine zusammenhängende geschlossene orientierbare Fläche. Wir legen auf sie einen zusammenhängenden Graphen, der sie in Gebiete teilt, die alle zur Kreisfläche homöomorph sind. Für jeden Knotenpunkt des Graphen G wählen wir auf der Fläche Q eine kleine Scheibe, die in ihrem Inneren diesen Knotenpunkt enthält. Diese Scheiben werden wir *Kappen* nennen. Weiterhin wählen wir für jede Kante des Graphen einen schmalen *Streifen*, der längs dieser Kante verläuft und diejenigen Kappen verbindet, die den Enden der Kante entsprechen. Entfernt man aus der Fläche Q alle Kappen und Streifen, so verbleibt von jedem Gebiet ein Stück, das homöomorph zur Kreisfläche ist. Dieses Stück nennen wir *Kernstück* des Ge-

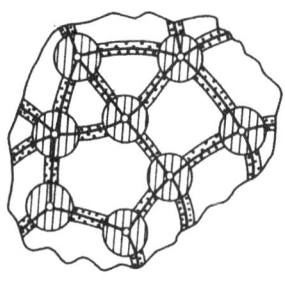

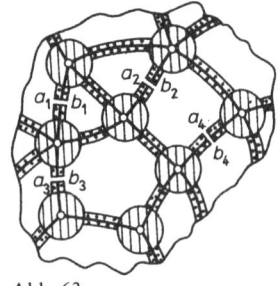

Abb. 62   Abb. 63

bietes. In Abb. 62, in der ein Stück einer Fläche Q dargestellt ist, sind die Kappen gestrichelt, die Streifen gepunktet und die Kernstücke weiß gelassen. Man teilt zunächst die Fläche Q in Kappen, Streifen und Kernstücke ein und klebt sie danach wieder aus diesen Teilen zusammen. Dabei wird Schritt für Schritt verfolgt, was dieses Zusammenkleben ergibt.

Zunächst schneiden wir aus der Fläche Q alle Kernstücke der Gebiete heraus. Den verbleibenden Teil der Fläche bezeichnen wir mit Q_0. Sein Rand besteht aus den Konturen der Kernstücke.

B) Wir wählen nun im Graphen G einen maximalen Baum (vgl. dazu Abb. 63). Alle Streifen, die weggelassen Kanten entsprechen (d. h. Kanten, die nicht in diesem Baum vorkommen), sind in der Mitte durchgeschnitten. Die Abschnitte $a_1b_1, a_2b_2, \ldots, a_pb_p$, längs denen die Streifen zerschnitten wurden, nennen wir *Sehnen*. Wir gehen schrittweise vor: Das Aufschneiden längs der Sehne a_1b_1 verwandelt Q_0 in die Fläche Q_1. Schneiden wir in Q_1 längs der Sehne a_2b_2 auf, so erhalten wir die Fläche Q_2. Wir fahren auf diese Weise fort und erhalten schließlich aus Q_{p-1} die Fläche Q_p, indem wir längs der Sehne a_pb_p aufschneiden. Um aus Q_p wieder Q_0 zu bekommen, müssen wir längs der Sehnen verkleben.

C) Bevor wir diese Verklebungen durchführen, bemerken wir, daß die Fläche Q_p homöomorph zur Kreisfläche ist. Wir zeichnen den maximalen Baum des Graphen G, indem wir zunächst eine Kante des Baumes hernehmen, dann noch eine, wieder eine usw. und zwar so, daß wir stets einen Baum haben. Der Streifen und die beiden Kappen, die der ersten Kante und ihren Enden entsprechen, bilden eine Fläche, die homöomorph zur Kreisfläche ist (Abb. 64a). Indem wir den Streifen und die Kappe hinzufügen, die der zweiten Kante entsprechen, bekommen wir wieder eine Fläche, die homöomorph zur Kreisfläche ist (Abb. 64b). In jedem Schritt der Konstruktion wird an eine Fläche, die homöomorph zur Kreisfläche ist, ein Streifen und eine Kappe angeklebt. Dabei entsteht wieder eine Fläche, die homöomorph zur Kreisfläche ist. Ist schließlich der ganze Baum gezeichnet, so entsteht eine Fläche, die homöomorph zur Kreisfläche ist und die

 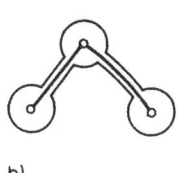 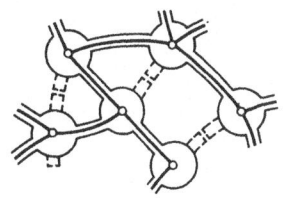

Abb. 64

a)   b)   c)

aus allen Kappen und allen Streifen besteht, die den Kanten des maximalen Baumes entsprechen. Um die Fläche Q_p zu erhalten, muß man nur die *Halbstreifen* ankleben, die aus den verbleibenden Streifen entstanden, nachdem sie längs der Sehnen aufgeschnitten wurden (in Abb. 64c gestrichelt dargestellt). Aber bei jedem Ankleben eines Halbstreifens bleibt die so erhaltene Fläche weiterhin homöomorph zur Kreisfläche.

Wir zeigen jetzt: *Jede der Flächen* Q_p, Q_{p-1}, ... , Q_1, Q_0 *ist homöomorph zu einer Sphäre mit endlich vielen Löchern, von denen einige mit Henkeln verklebt sein können.* Für die Fläche Q_p ist das offensichtlich. Sie ist homöomorph zur Kreisfläche, d. h. zu einer Sphäre mit einem Loch.

D) Wir betrachten für jedes $i = 1, ... , p$ den Übergang von der Fläche Q_{i-1} zur Fläche Q_i (d. h. das Aufschneiden längs der Sehne $a_i b_i$) und den umgekehrten Übergang von Q_i zu Q_{i-1}. Hierbei gibt es zwei Möglichkeiten: Die Punkte a_i und b_i sind auf ein und derselben Komponente des Randes der Fläche Q_{i-1} gelegen oder auf verschiedenen Komponenten.

Liegen a_i und b_i auf verschiedenen Komponenten des Randes der Fläche Q_{i-1}, so führt das Aufschneiden längs der Sehne $a_i b_i$ dazu, daß sich die Anzahl der Löcher um 1 verringert (Abb. 65a und b). Somit vergrößert sich beim Übergang von Q_i zu Q_{i-1} die Anzahl der Löcher um 1. Kann man Q_i aus der Sphäre erhalten, indem man in diese einige Löcher schneidet und anschließend einige von ihnen mit Henkeln verklebt, so ist das auch für Q_{i-1} richtig.

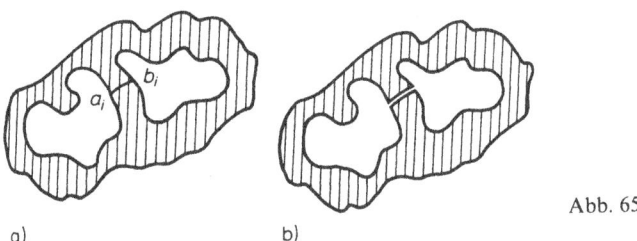

a)   b)   Abb. 65

E) Es seien jetzt die Enden der Sehne $a_i b_i$ auf ein und derselben Komponente des Randes der Fläche Q_{i-1} gelegen (Abb. 66). Die Fläche Q_i, die man beim Aufschneiden erhält (Abb. 67), ist homöomorph zur Fläche (Abb. 68), die man aus Q_{i-1} durch zweimaliges Aufschneiden erhält: Zuerst wird längs der geschlossenen Kurve l aufgeschnitten (Abb. 69), die den Rand der Fläche Q_{i-1} nicht schneidet (das ergibt eine Zwischenfläche Q_i^*, Abb. 69). Danach wird längs der Sehne $a_i c_i$ aufgeschnitten, deren Enden auf verschiedenen Komponenten des Randes der Fläche Q_i^* liegen. Beim

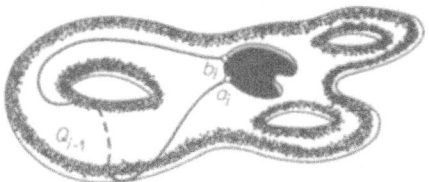

Abb. 66

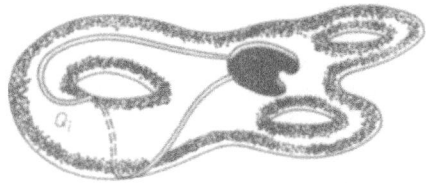

Abb. 67

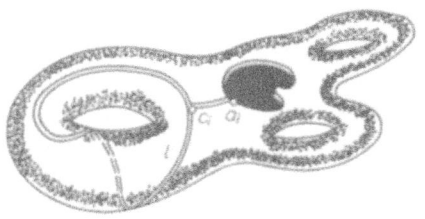

Abb. 68

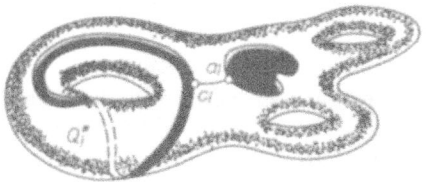

Abb. 69

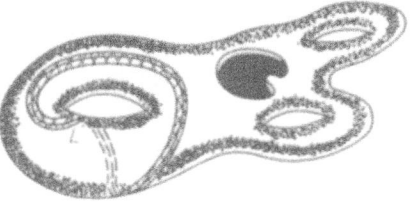

Abb. 70

Übergang von Q_i (siehe Abb. 68) zu Q_i^* (Abb. 69) entsteht, wie wir unter D) sahen, ein Loch. Es muß noch der Übergang von Q_i^* zu Q_{i-1} untersucht werden.

Es sei Q_i^* aus Q_{i-1} entstanden, indem man Q_{i-1} längs der Kurve l aufgeschnitten hat. Nehmen wir, um diesen Schritt auszuführen, aus Q_{i-1} einen schmalen Streifen L heraus, der in seinem Innern die Kurve l enthält (Abb. 70), so entsteht eine Fläche, die homöomorph zu Q_i^* ist. Der Streifen L ist entweder zum Möbiusband oder zur Mantelfläche eines Zylinders homöomorph. Schneidet man diesen Streifen auf (Abb. 71), so kann man ihn zu einem schmalen rechteckigen Streifen glätten. Somit kann man L erhalten, indem man die Enden eines rechteckigen Streifens miteinander verklebt. Man muß nur herausfinden, ob diese Verklebung mit einer Drehung geschieht oder nicht.

Abb. 71

Nun kann aber der Streifen L nicht zum Möbiusband homöomorph sein, da es auf dem Möbiusband einen Umlauf gibt, der die Orientierung umkehrt, aber die Ausgangsfläche Q (und alle Flächen Q_0, Q_1, ... , Q_p) sind orientierbar. Somit ist L homöomorph zur Mantelfläche des Zylinders, und das Band L zerfällt in zwei Teile, wenn man es längs der Kurve l aufschneidet. Die Fläche Q_i^* hat also zwei neue Randkomponenten l_1 und l_2. Der Übergang von Q_i^* zu Q_{i-1} besteht im Verkleben der beiden Kurven l_1 und l_2, die Ränder von Löchern in der Fläche Q_i^* sind.

Wir umgeben die Kurve l_1 und l_2 mit schmalen ringförmigen Streifen und verbinden sie untereinander ebenfalls mit einem Streifen. Auf der Fläche Q_i^* erhalten wir eine Figur (eine „Brille", Abb. 72), die homöomorph zu einer Kreisfläche mit zwei Löchern ist (Abb. 73). Beim Verkleben der Konturen l_1 und l_2 muß man berücksichtigen, daß die Orientierung auf ihnen entgegengesetzt ist. Andernfalls würde sich das Band, das in Abb. 74 ge-

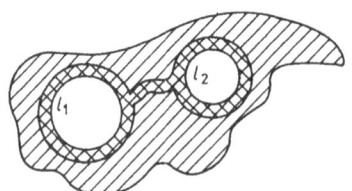

Abb. 72

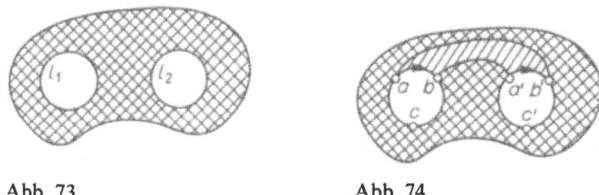

Abb. 73   Abb. 74

strichelt wiedergegeben ist, bei der Verklebung in ein Möbiusband verwandeln. Das ist auf Grund der Orientierbarkeit der Fläche Q_{i-1} nicht
möglich. Somit ist das Verkleben der Kurven l_1 und l_2 gleichbedeutend mit
dem Einkleben eines Henkels in ein Loch der Fläche Q_i^* (Abb. 75). Also
führt der Übergang von Q_i zu Q_i^* zum Entstehen eines Loches, und der
Übergang von Q_i^* zu Q_{i-1} führt zur Verringerung der Anzahl der Löcher
und zum Einkleben eines Henkels. Kann man Q_i aus einer Sphäre mit Löchern
erhalten, indem einige Löcher durch Henkel verklebt werden, so trifft das
auch auf Q_{i-1} zu.

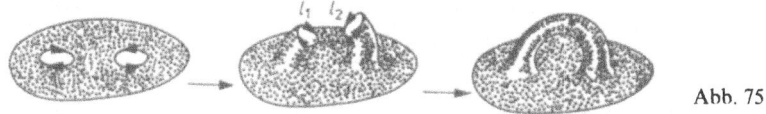

Abb. 75

F) Durch Induktion zeigt sich, daß Q_0 aus der Sphäre entsteht, indem man
in diese $k + r$ Löcher schneidet und anschließend k von ihnen mit Henkeln
verklebt ($k \geqq 0$, $r \geqq 0$). Es bleibt noch zu bemerken, daß beim Übergang
von Q_0 zur Ausgangsfläche Q in die Fläche Q_0 wieder alle Kernstücke eingeklebt werden, d. h., jedes der k Löcher in der Fläche Q_0 wird mit
einer Kreisfläche verklebt. Somit entsteht Q aus der Sphäre, indem man in
diese k Löcher schneidet und sie alle mit Henkeln verklebt, d. h., Q ist
homöomorph zu einer der Flächen $P_0, P_1, P_2, \ldots$

Aufgaben

74. Man formuliere und beweise einen Satz über die topologische Klassifizierung der
orientierbaren beranderten Flächen.

75. Auf der Fläche P_k seien q geschlossene Kurven gegeben, die sich untereinander nicht
schneiden. Dabei bleibe die Fläche zusammenhängend, wenn man sie längs aller dieser Kurven
aufschneidet. Man zeige, daß $q \leqq k$ ist.

76. Auf der geschlossenen Fläche Q existiere eine topologisch regelmäßige Zerlegung: Jede
Fläche ist ein Fünfeck, in jedem Knotenpunkt treffen sich vier Flächen. Man zeige: Ist die
Anzahl der Flächen kein Vielfaches von 8, so ist die Fläche nicht orientierbar.

77. Auf der geschlossenen Fläche Q seien drei Kurven p, q und r gegeben, die homöomorph zu Strecken sind, gemeinsame Endpunkte besitzen und paarweise keine weiteren gemeinsamen Punkte haben. Man zeige: Bleibt beim Aufschneiden längs einer der Kurven $p \cup q$, $p \cup r$ oder $q \cup r$ die Fläche Q zusammenhängend, so trifft das auch auf wenigstens eine der anderen beiden Kurven zu.

78. Setzen wir für eine der Flächen eines regelmäßigen Dodekaeders (Abb. 76a) alle Kanten bis zum Schnitt fort, so erhalten wir einen regelmäßigen fünfeckigen Stern (Abb. 76b). Zwei solche Sterne, die für benachbarte Flächen konstruiert wurden (Abb. 76c), besitzen eine gemeinsame Strecke ad. Wir vereinbaren, daß diese Sterne nur an den Kanten ab und cd zusammenstoßen, während sie sich längs bc durchdringen, so daß alle inneren Punkte dieser Strecke doppelt zu rechnen sind (einmal auf dem einen Stern und einmal auf dem anderen gelegen) und es unmöglich ist, in bc von einem Stern in den anderen zu gelangen. Diese Durchdringung rührt aus einer ungeeigneten Einbettung dieser Sterne in den Raum her. Nach der Konstruktion analoger Sterne für alle Flächen des Dodekaeders (Abb. 76d) erhalten wir eine Fläche Q, die mit Selbstdurchdringungen in den Raum eingebettet ist (die Durchdringungslinien sind die Kanten des Ausgangsdodekaeders). Man zeige, daß diese Fläche orientierbar ist und die Eulersche Charakteristik $\chi(Q) = -16$ hat, d. h., daß sie homöomorph zu einer Sphäre mit neun Henkeln ist.

Ausgehend von Dodekaedern, kann man auch noch eine andere Fläche konstruieren. Wir fügen zur Kontur jedes Sterns noch Strecken wie bc hinzu (Abb. 76c), so daß wir einen

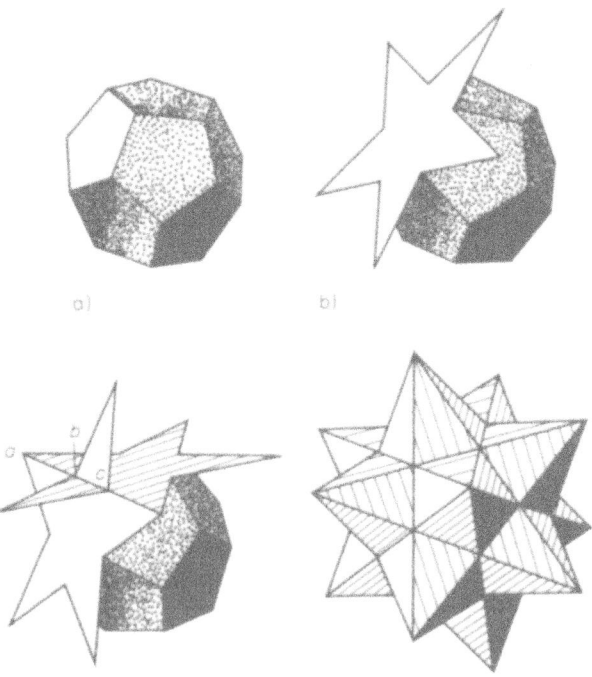

Abb. 76

fünfgliedrigen geschlossenen Polygonzug erhalten (mit Überschneidungen). Danach glätten wir diese Polygonzüge, so daß die Überschneidungen verschwinden (und so, daß wir weiterhin als Seiten Strecken vom Typ *ad* haben). In jeden von diesen Polygonzügen hängen wir eine Fläche ein (ein Fünfeck). Dann entsteht eine Fläche, die aus zwölf Fünfecken besteht, wobei die Anzahl der Knotenpunkte (wie *a* und *d*) ebenfalls 12 beträgt und die Anzahl der Kanten 30 ist. Man zeige, daß diese Fläche orientierbar ist und die Eulersche Charakteristik —6 hat, d. h., daß sie homöomorph zu einer Sphäre mit vier Henkeln ist.

79. Wir errichten über jeder Fläche eines Würfels einen „vierzackigen Stern" (mit gekrümmten Zacken, siehe Abb. 77a) derart, daß sich benachbarte Sterne an den Rändern ihrer Zacken berühren (Abb. 77b). Sind solche Sterne über allen Flächen des Würfels errichtet, so entsteht eine Fläche, die im Raum gelegen ist und Selbstdurchdringungen hat (Durchdringungslinien sind die Kanten des Würfels). Man zeige, daß diese Fläche homöomorph zu P_3 ist.

80. Welche Flächen erhält man, wenn man „dreizackige Sterne" über den Seitenflächen des Tetraeders, des Oktaeders und des Ikosaeders errichtet (analog dem Verfahren aus Aufgabe 79)?

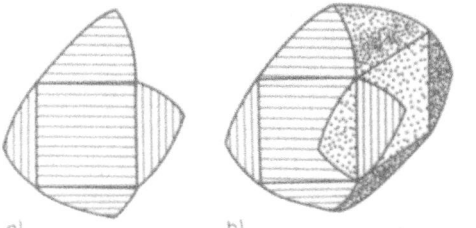

Abb. 77

a)   b)

2.5. Klassifizierung der geschlossenen nichtorientierbaren Flächen

Eine geschlossene nichtorientierbare Fläche kann man nur mit Selbstdurchdringung in den Raum einbetten.

Beispiele 25. In Abb. 78a ist eine Fläche mit einem Rand *l* dargestellt; Abb. 78b zeigt einen Schnitt durch ihren „Hals". Kleben wir das Loch *l* mit einer Kreisfläche zu, so erhalten wir eine geschlossene Fläche (Abb. 78c), die sich jedoch selbst durchdringt. Die Selbstdurchdringung rührt von unserer Konstruktion der Fläche her, und es wird sich später zeigen, daß es nicht möglich ist, sie ohne Selbstdurchdringung in den dreidimensionalen Raum einzubetten. Außerhalb des Raumes können wir die Punkte der Schnittlinie verdoppeln und so den Selbstschnitt beseitigen. Die so erhaltene Fläche heißt *Kleinsche Flasche*. Sie ist einseitig. Bewegen wir einen auf der Seite

5*

des Halses gelegenen Punkt geeignet, so können wir ihn in das Innere des Halses bringen (Abb. 78 b).

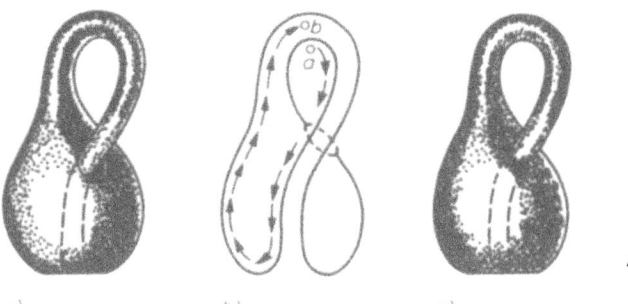

Abb. 78

a)   b)   c)

Beispiel 26. Da der Rand des Möbiusbandes homöomorph zur Kreislinie ist (Abb. 79), kann man versuchen, das Möbiusband längs seines Randes mit dem Rand eines Loches zu verkleben, das in irgendeine Fläche geschnitten ist. In Abb. 80a ist ein Möbiusband dargestellt (ein Ring mit einer Verdrehung) und in Abb. 80 b ein Stück einer Fläche Q, in das ein Loch hineingeschnitten ist. Biegt man das innere „Schaufelblatt" der Fläche Q gerade, so sieht man leicht (Abb. 80c), daß in die Fläche ein Loch geschnitten ist, das homöomorph zur Kreisfläche ist. Da die in Abb. 80a, b dargestellten Flächen gleiche Ränder besitzen, kann man sie an ihren Rändern verkle-

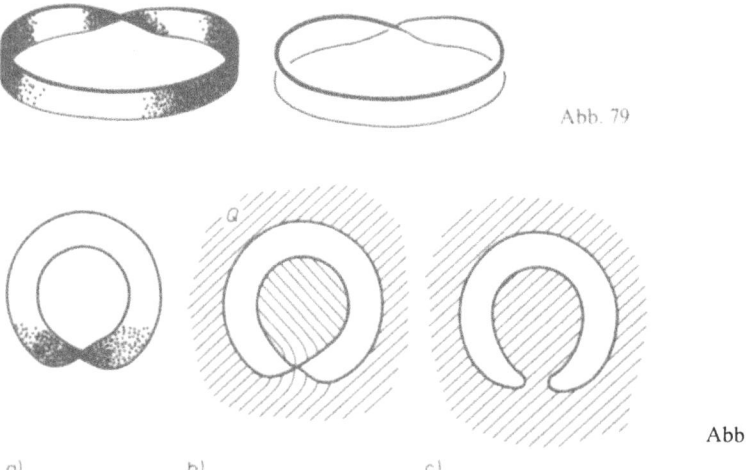

Abb. 79

Abb. 80

a)   b)   c)

ben, d. h., *man kann ein Möbiusband in ein kreisförmiges Loch kleben,
das in eine Fläche Q geschnitten ist.* Es ist richtig, daß dabei das Möbiusband die Fläche Q durchdringt, aber wir werden annehmen, daß diese Durchdringung nur aus der Einbettung in den Raum entstand.
Das Verkleben eines Lochs mit einem Möbiusband kann man noch anders
beschreiben. Wir schneiden das Möbiusband längs seiner Mittellinie auf. Dafür müssen wir zuerst die Schmalseiten eines Rechtecks verkleben (mit einer
Verdrehung, damit wir ein Möbiusband erhalten). Danach können wir längs
der Linie *mnp* aufschneiden (Abb. 81 a). Man kann nun dasselbe Ergebnis
auch in umgekehrter Reihenfolge erhalten: Man schneidet zunächst das Rechteck längs der Linie *mnp* auf (Abb. 81 b) und führt dann die Verklebung der
Seitenlinie aus (unter Berücksichtigung der Richtung der Pfeile). Für die
Verklebung drehen wir die untere Hälfte des Rechtecks so, daß die „Rück-
seite nach oben zu liegen kommt" (Abb. 81 c), und legen die beiden
Hälften so, wie es in Abb. 81 d dargestellt ist. Jetzt ist es nicht schwierig, die
notwendigen Verklebungen auszuführen (Abb. 81 e). Wir sehen, daß *beim Auf-
schneiden eines Möbiusbandes längs seiner Mittellinie eine Figur entsteht, die
homöomorph zu einem Kreisring ist.* In Abb. 81 ist gezeigt, was mit den
Punkten *m*, *n* und *p* beim Aufschneiden längs der Mittellinie passiert.
In Abb. 81 e liegen sich gleich bezeichnete Punkte diametral gegenüber.
Die Verklebung, die das Aufschneiden rückgängig macht, verwandelt den
Kreisring wieder in ein Möbiusband. Es gilt also: *Verklebt man auf einer
der beiden Kreislinien eines Kreisringes die sich diametral gegenüberliegenden
Punkte miteinander, so entsteht ein Möbiusband.*

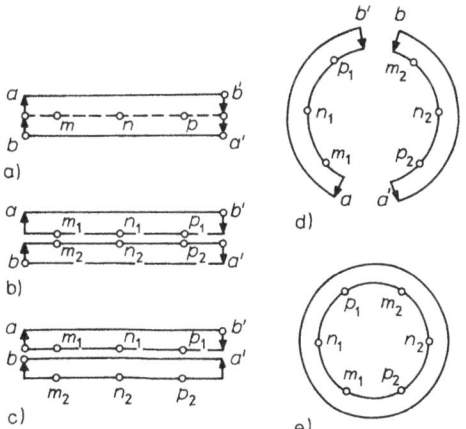

Abb. 81

Es sei jetzt *l* der Rand eines Loches in einer Fläche Q. Wir schneiden aus der Fläche Q einen schmalen Streifen (einen Kreisring) um das Loch *l* heraus und bezeichnen mit *l'* den äußeren Rand des Kreisringes (Abb. 82). Dann erhält man eine Fläche, die homöomorph zu Q ist (nur mit einem etwas größeren Loch *l'*) und einen einzelnen Kreisring. Wir verkleben jetzt auf dem Rand *l* des abgeschnittenen Kreisringes alle sich diametral gegenüberliegenden Punkte. Dabei verwandelt sich der Kreisring in ein Möbiusband. Dieses Möbiusband kleben wir in das Loch *l'* ein. Als Resultat kleben wir in die Fläche Q ein Möbiusband ein (genauer gesagt, in eine Fläche, die zu Q homöomorph ist). Nun ist es jedoch nicht notwendig, die Fläche längs der Kurve *l'* aufzuschneiden und danach wieder zusammenzukleben. Es genügt, auf dem Rand *l* alle sich diametral gegenüberliegenden Punkte zu verkleben. Somit ist *das Verkleben aller diametral gegenüberliegenden Punkte auf dem Rand eines Loches damit gleichbedeutend, daß man in dieses Loch ein Möbiusband einklebt.*

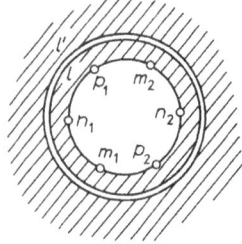

Abb. 82

Beispiel 27. In der projektiven Geometrie fügt man zu den Punkten der gewöhnlichen (euklidischen) Ebene noch uneigentliche (unendlich weit entfernte) Punkte hinzu. Das Hinzufügen der unendlich weit entfernten Punkte geschieht so, daß man jeder Geraden aus der euklidischen Ebene einen unendlichen Punkt zuordnet, wobei parallelen Geraden ein und' derselbe Punkt zugeordnet wird (d. h., parallele Geraden „schneiden sich im Unendlichen"). Nicht parallel verlaufenden Geraden werden verschiedene Punkte zugeordnet. Die durch die unendlich fernen Punkte erweiterte Ebene wird *projektive Ebene* genannt.

Um die topologische Struktur der projektiven Ebene zu klären, betrachten wir eine Halbsphäre mit dem Zentrum o, die die Ebene berührt und so gelegen ist, daß die Ebene durch den Rand der Halbsphäre parallel zur Ebene liegt (Abb. 83). Die Zentralprojektion vom Punkt o aus ist ein Homöomorphismus der offenen Halbsphäre (die wir aus der Halbsphäre

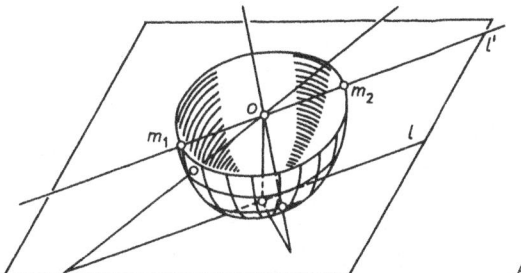

Abb. 83

erhalten, indem wir alle Punkte der sie begrenzenden Kreislinie entfernen) auf die gesamte euklidische Ebene.

Wir legen jetzt durch den Berührungspunkt der Halbsphäre mit der Ebene eine Gerade l und durch den Punkt o eine Gerade l', die parallel zu l verläuft. Die Geraden l und l' „schneiden sich im Unendlichen", so daß die Punkte m_1 und m_2, in denen die Gerade l' den Rand der Halbsphäre in ein und denselben Punkt „projiziert" werden (längs der Geraden l'), in den unendlich fernen Punkt der Geraden l. Somit ist die Abbildung der Halbsphäre mit Rand in die Ebene, die durch die unendlich fernen Punkte ergänzt wurde (d. h. in die projektive Ebene), nicht eindeutig: Je zwei verschiedenen Punkten m_1 und m_2 auf dem Rand der Halbsphäre entspricht ein und derselbe Punkt der projektiven Ebene. Damit diese Abbildung eineindeutig wird (und somit ein Homöomorphismus), muß man alle sich diametral gegenüberliegenden Punkte auf dem Rand der Halbsphäre miteinander verkleben. Mit anderen Worten, die projektive Ebene ist homöomorph zur Halbsphäre, an deren Rand ein Möbiusband angeklebt ist (oder zur Sphäre mit einem Loch, das mit einem Möbiusband verklebt ist). Hieraus folgt, daß die projektive Ebene (im Unterschied zur euklidischen) eine einseitige Fläche ist.

Jetzt können wir die zweite Hälfte des Satzes von MÖBIUS und JORDAN über die Klassifizierung der Flächen formulieren. Wir werden eine Aufzählung aller topologisch verschiedenen Typen geschlossener nichtorientierbarer Flächen geben. Es sei N_q die Fläche, die aus der Sphäre mit q Löchern entsteht, indem jedes Loch mit einem Möbiusband verklebt wird. Es zeigt sich, daß *die Flächen*

$$N_1, N_2, \ldots, N_q, \ldots \tag{12}$$

eine vollständige topologische Klassifizierung der geschlossenen nichtorientierbaren Flächen liefern.

Aufgaben

81. Man zeige: Schneidet man in die Fläche N_q ein Loch, so erhält man eine Fläche mit Rand, die in den dreidimensionalen Raum ohne Selbstdurchdringung eingebettet werden kann.
Hinweis: Die so entstehende Fläche ist homöomorph zu der in Aufgabe 62 untersuchten Fläche.

82. Man zeige, daß die Eulersche Charakteristik der Fläche N_q gleich $2 - q$ ist.

83. Aus der Sphäre seien $m + n + p$ Löcher herausgeschnitten. Von ihnen seien m mit Henkeln verklebt und n mit Möbiusbändern. Man zeige, daß die Eulersche Charakteristik der so entstandenen Fläche mit Rand gleich $2 - 2m - n - p$ ist.

84. Man zeige, daß der Graph „4 Häuser und 4 Brunnen" (dessen Kanten die Verbindungswege von jeweils einem der Häuser zu jeweils einem der Brunnen sind) nicht ohne Überschneidungen auf der projektiven Ebene dargestellt werden kann. Man kann ihn jedoch auf dem Torus ohne Überschneidungen darstellen.

85. Angenommen, es sei möglich, auf der Fläche Q den Graphen „m Häuser und n Brunnen" zu zeichnen. Man zeige, daß $\chi(Q) \leqq m + n - \dfrac{mn}{2}$ ist.

86. Man untersuche, welche der Flächen $N_1, N_2, N_3, \dots$ homöomorph zur Kleinschen Flasche und welche homöomorph zur projektiven Ebene ist.

87. Welche Flächen erhält man, wenn man in Abb. 84a, b, c und d (unter Berücksichtigung der Richtungen) die Seiten miteinander verklebt, die mit gleichen Buchstaben versehen sind?

88. Im dreidimensionalen Raum R^3 sei ein Möbiusband gegeben, im vierdimensionalen Raum R^4, der den R^3 enthält, sei ein Punkt $p \notin R^3$ gegeben. Zum Möbiusband werden alle Strecken hinzugefügt, die einen Randpunkt des Möbiusbandes mit p verbinden. Man zeige, daß die so entstehende Fläche zur projektiven Ebene homöomorph ist. Weiterhin zeige man, daß jede beliebige Fläche N_q in den R^4 ohne Selbstdurchdringungen eingebettet werden kann.

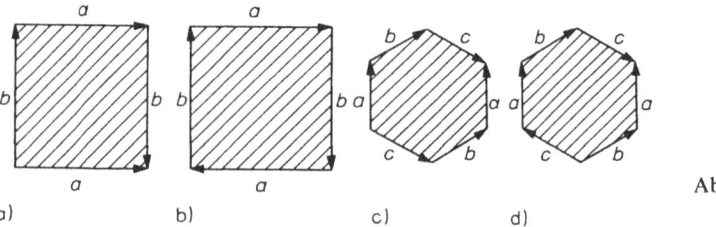

Abb. 84

a)   b)   c)   d)

Die Flächen N_1, N_2, N_3, ... sind paarweise nicht homöomorph, da sie verschiedene Eulersche Charakteristiken haben (Aufgabe 82). Um zu beweisen, daß die Flächen N_1, N_2, N_3, ... eine vollständige topologische Klassifizierung der geschlossenen nichtorientierbaren Flächen darstellen, reicht es also aus, zu zeigen, daß jede geschlossene nichtorientierbare Fläche homöomorph zu einer der Flächen N_1, N_2, N_3, ... ist. Dieser Beweis läuft ähnlich wie der in Abschnitt 2.4 gegebene. Ein erster Unterschied besteht darin, daß das Band L (siehe Abb. 70) jetzt homöomorph zum Möbiusband sein kann (da jetzt nichtorientierbare Flächen betrachtet werden). In diesem Fall hat die Fläche Q_i^*, die nach dem Entfernen des Streifens L entstand, nur eine Randkomponente (da der Rand des Streifens L, d. h. des Möbiusbandes, homöomorph zur Kreislinie ist). Umgekehrt entsteht Q_{i+1} aus Q_i^*, indem der Streifen L an eine der Randkomponenten Q_i^* geklebt wird, d. h., Q_{i-1} entsteht aus Q_i^*, *indem ein Loch mit einem Möbiusband verklebt wird.* Ein zweiter Unterschied besteht darin, daß die Verklebung der beiden Kurven l_1 und l_2 aus Abb. 72 und 73 durchgeführt werden kann sowohl für gleiche Orientierung als auch für entgegengesetzte Orientierung der beiden Kurven (letzteres ist äquivalent dazu, daß ein Henkel eingeklebt wird, Abb. 75). Im ersten Fall entsteht die Fläche Q_{i-1} aus Q_i^*, indem zwei Löcher mit Möbiusbändern verklebt werden (Aufgabe 89). Somit zeigen die Überlegungen in Abschnitt 2.4, daß *man eine beliebige geschlossene nichtorientierbare Fläche Q aus einer Sphäre erhalten kann, indem man in diese k + q Löcher schneidet und k der Löcher mit Henkeln sowie q der Löcher mit Möbiusbändern verklebt.* Hierbei ist $q \geq 1$, da wir für $q = 0$ die orientierbare Fläche P_k erhalten würden; aber es wurde vorausgesetzt, daß die Fläche Q nichtorientierbar ist. Es bleibt noch folgendes zu erwähnen: Klebt man in die Fläche wenigstens ein Möbiusband ein, so ist das Einkleben eines Henkels damit gleichwertig, daß zwei Möbiusbänder eingeklebt werden (Aufgabe 90). Somit gilt: Die Fläche Q, die man aus der Sphäre mit $k + q$ Löchern erhält, indem man k von ihnen mit Henkeln und q von ihnen mit Möbiusbändern verklebt (wobei $q \geq 1$ ist), ist homöomorph zu der Fläche, die man aus der Sphäre mit $2k + q$ Löchern erhält, indem man alle Löcher mit Möbiusbändern verklebt. Dies heißt, Q ist homöomorph zu einer der Flächen N_1, N_2, N_3, ...

Aufgaben

89. In eine Kreisfläche seien zwei Löcher geschnitten, und deren Ränder l_1 und l_2 werden miteinander verklebt, wobei beiden Rändern gleiche Orientierung gegeben wird. Man zeige, daß das äquivalent damit ist, daß beide Löcher mit Möbiusbändern verklebt werden.

Hinweis: Man führe zwei Hilfsschnitte längs der Kurven $amna'$ und $cpqc'$ durch (Abb. 85a) und kehre die „Innenseite" des herausgeschnittenen Stückes nach außen (Abb. 85b). Jetzt kann man die Kurven l_1 und l_2 miteinander verkleben (Abb. 85c), und es müssen nur noch die beiden zusätzlichen Schnitte verklebt werden, d. h., es müssen die „sich diametral gegenüberliegenden" Punkte auf den beiden Rändern miteinander verklebt werden.

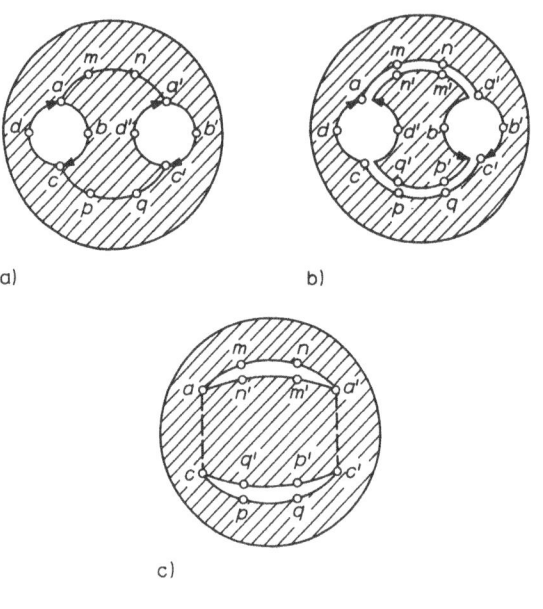

a)   b)

c)

Abb. 85

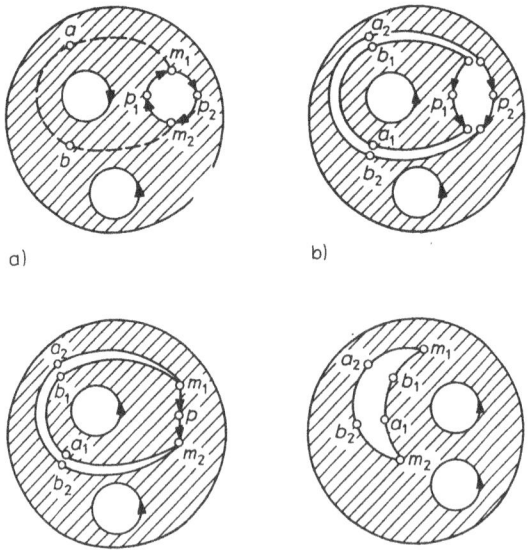

a)   b)

c)   d)

Abb. 86

90. In einen Kreis seien drei Löcher geschnitten, eines von ihnen werde mit einem Möbiusband verklebt, die Ränder der beiden anderen Löcher werden miteinander verklebt, wobei entgegengesetzte Orientierung auf ihnen vorausgesetzt wird (es entsteht ein Henkel). Man zeige, daß das damit gleichwertig ist, daß alle drei Löcher mit Möbiusbändern verklebt werden.

Hinweis: Man führe den Hilfsschnitt $m_1 a b m_2$ aus und kehre die „Innenseite" des herausgeschnittenen Stückes nach außen (Abb. 86). Es entsteht ein „sichelförmiges" Loch, auf dessen Rand die sich diametral gegenüberliegenden Punkte miteinander verklebt werden müssen. Außerdem müssen noch zwei weitere Ränder miteinander verklebt werden, wobei auf ihnen gleiche Orientierung angenommen wird.

91. Man formuliere und beweise einen Satz über die topologische Klassifizierung der nichtorientierbaren berandeten Flächen.

2.6.   Vektorfelder auf Flächen

In diesem Abschnitt wollen wir folgendes Problem untersuchen: Kann man auf einer gegebenen orientierbaren Fläche Q ein *stetiges Richtungsfeld* errichten, d. h., kann man in jedem ihrer Punkte einen von 0 verschiedenen Tangentenvektor auswählen, so daß der Übergang vom Punkt zur Spitze des Vektors stetig ist?

Beispiel 28. Auf der Sphäre haben die Richtungen von Nord nach Süd (Abb. 87a) *singuläre Punkte* an den Polen; in diesen Punkten sind die Vektoren nach verschiedenen Seiten gerichtet, und die Stetigkeit ist zerstört. Dasselbe kann man über die Richtungen von West nach Ost aussagen (Abb. 87b). Wie wir später sehen werden, existiert im allgemeinen auf der gesamten Sphäre kein stetiges Richtungsfeld. Eine andere Formulierung dieser Tatsache ist als „Igelsatz" bekannt: Wenn aus jedem Punkt der Sphäre ein „Stachel" (ein von 0 verschiedener Vektor, der nicht notwendig tangential zur Sphäre verläuft) wächst und die Richtung der Stacheln sich stetig

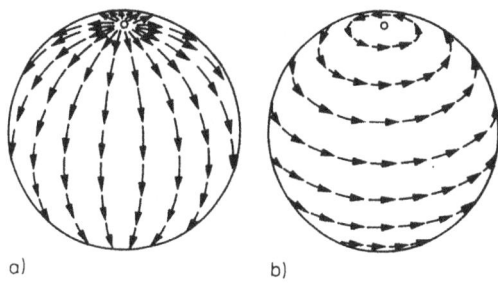

a)   b)   Abb. 87

von Punkt zu Punkt ändert, dann findet man wenigstens einen Stachel, der senkrecht auf der Sphäre steht. Angenommen, das ist nicht richtig. Indem wir dann jeden Stachel $\overrightarrow{aq}$ in die Tangentialebene an den Punkt a projizieren, in den Punkt also, aus dem der Stachel wächst (Abb. 88), erhalten wir auf der ganzen Sphäre ein stetiges Feld von Tangentialvektoren, die alle von 0 verschieden sind, und das ist nicht möglich.

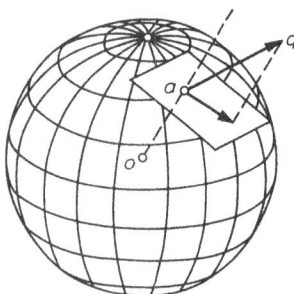

Abb. 88

In Abb. 89a, b sind Typen von Vektorfeldern dargestellt, wie sie sich in Beispiel 28 in der Nähe des Nordpols präsentieren; in Abb. 89c ist ein komplizierter singulärer Punkt dargestellt (ein sogenannter *Sattelpunkt*). Gehen wir einmal um einen singulären Punkt herum (beispielsweise entgegen dem Uhrzeigersinn), so vollführt der Richtungsvektor in den in Abb. 89a, b dargestellten Fällen eine Drehung in der gleichen Richtung (Abb. 90a, b) und im Fall der Abb. 89c eine Umdrehung, aber nun in der entgegengesetzten Richtung (Abb. 90c). Im Zusammenhang hiermit sagt man, daß der singuläre Punkt in Abb. 89a (und in Abb. 89b) den Index +1 und der singuläre Punkt in Abb. 89c den Index −1 hat.

Der französische Mathematiker HENRI POINCARÉ (1854—1912) zeigte: *Ist auf einer geschlossenen orientierbaren Fläche Q ein Feld von Tangentialvektoren gegeben, die von 0 verschieden sind, und ist dieses Vektorfeld außer*

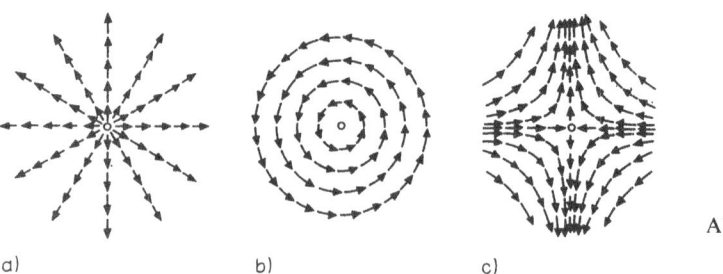

Abb. 89

a)   b)   c)

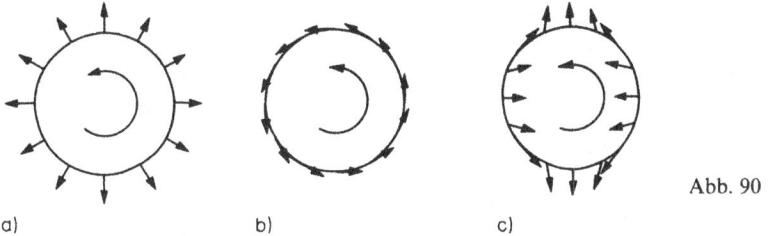

Abb. 90

a)   b)   c)

in einer endlichen Anzahl von singulären Punkten überall stetig, so ist die Summe der Indizes aller singulären Punkte gleich $\chi(Q)$.

Beispiel 29. Da $\chi(P_k) = 2 - 2k$ ist, haben wir $\chi(P_k) \neq 0$ für $k \neq 1$. Somit gibt es auf keiner orientierbaren Fläche, die vom Torus P_1 verschieden ist, ein stetiges Vektorfeld aus von 0 verschiedenen Tangentialvektoren, das keine singulären Punkte hat. Auf dem Torus existiert ein solches Vektorfeld (man nehme etwa Vektoren, die längs der Großkreise parallel zueinander verlaufen).

Wir führen den Beweis des Satzes von POINCARÉ in zwei Schritten: Zunächst zeigen wir, daß für zwei beliebige Vektorfelder die Indexsummen übereinstimmen, und danach konstruieren wir ein Vektorfeld, für das man diese Summe leicht berechnen kann.

Auf der Fläche Q seien zwei überall von 0 verschiedene Vektorfelder mit einer endlichen Anzahl singulärer Punkte gegeben. Den Vektor des ersten Feldes im Punkt x bezeichnen wir mit $v_1(x)$, den Vektor des zweiten Feldes mit $v_2(x)$. Wir zerlegen Q in kleine Polyeder derart, daß in jedem Polyeder höchstens ein singulärer Punkt jedes der beiden Felder liegt und daß alle singulären Punkte innerhalb der Polyeder liegen.

Wir sehen, daß für jeden nicht singulären Punkt x des Feldes v_1 die Vektoren in seiner Nähe so gedreht werden können, daß das hierdurch

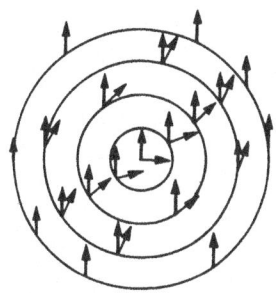

Abb. 91

entstehende Vektorfeld ebenfalls stetig ist und $v_1(x)$ in einen vorgegebenen Vektor übergeht (Abb. 91: mit wachsendem Umgebungsradius sind die Vektoren immer weniger gegeneinander gedreht). Dies nutzen wir aus und drehen die Vektoren des Feldes v_1 in der Nähe der Knotenpunkte so, daß in jedem Knotenpunkt die Vektoren $v_1(x)$ und $v_2(x)$ übereinstimmen (Abb. 92).

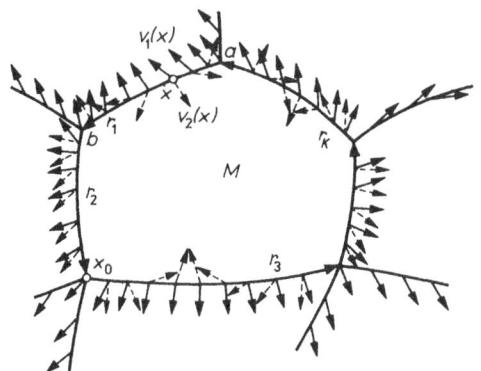

Abb. 92

Wir betrachten jetzt eine Kante r_1 (Abb. 92) und zeichnen auf ihr eine Richtung aus (etwa vom Knotenpunkt a zu b). Laufen wir von a nach b in dieser Richtung, so beobachten wir den Vektor $v_1(x)$, kehren wir danach von b zu a zurück, so beobachten wir den Vektor $v_2(x)$. Durchlaufen wir die Kante r_1 hin und zurück, so ändert sich der Vektor, den wir beobachten, stetig und kehrt in die Ausgangslage zurück (da $v_1(a) = v_2(a)$ und $v_1(b) = v_2(b)$ ist). Die Anzahl der Drehungen, die dieser Vektor ausführt (wobei wir voraussetzen, daß wir eine Richtung ausgezeichnet haben, in der wir die Winkel messen), bezeichnen wir mit $d_1(r)$. In Abb. 92 ist $d(r_1) = 1$, $d(r_2) = 0$, $d(r_3) = -1$. Zeichnen wir auf der Kante r_1 die umgekehrte Richtung aus (von b nach a), so ändert $d(r_1)$ sein Vorzeichen (da der Vektor, den wir beobachten, sich in die entgegengesetzte Richtung dreht).

Es sei M eines der Polyeder. Durchlaufen wir seine Kontur (in positiver Richtung), so vollführen die Vektoren $v_1(x)$ und $v_2(x)$ einige Umdrehungen, deren Anzahl wir mit $z_1(M)$ bzw. mit $z_2(M)$ bezeichnen.

Wir bezeichnen mit $r_1, r_2, \ldots, r_k$ die Kanten des Polygons M und zeichnen auf ihnen die Richtungen aus, die dem positiven Umlauf längs des Randes entsprechen (vgl. Abb. 92). Im Punkt a beginnend, durchlaufen wir den Rand in positiver Richtung, wobei wir den Vektor $v_1(x)$ beobachten, und nachdem wir zu a zurückgekehrt sind, durchlaufen wir den Rand in entgegengesetzter Richtung, wobei wir jetzt den Vektor $v_2(x)$ beobachten.

Insgesamt führt der beobachtete Vektor $z_1(M) - z_2(M)$ Umdrehungen aus. Aber wir können die Drehungen der Vektoren auch „in kleinen Portionen" beobachten: Wir beobachten $v_1(x)$, wenn wir die Kante r_1 durchlaufen, und $v_2(x)$, wenn wir die Kante r_1 in entgegengesetzter Richtung durchlaufen. Dann beobachten wir $v_1(x)$, wenn wir die Kante r_2 in entgegengesetzter Richtung durchlaufen usw. In diesem Fall zählen wir $d(r_1) + d(r_2) + \cdots + d(r_k)$ Umdrehungen. Da die Gesamtdrehung nicht davon abhängt, in welcher Reihenfolge die Drehwinkel der Vektoren an jeder der einzelnen Kanten addiert werden, haben wir

$$z_1(M) - z_2(M) = d(r_1) + d(r_2) + \cdots + d(r_k) . \qquad (13)$$

Aus (13) kann man unschwer die Beziehung

$$\Sigma\, z_1(M) = \Sigma\, z_2(M)$$

ableiten, in der die Summation über alle Polyeder durchgeführt wird. Wir summieren die Gleichung (13) über alle Polyeder. Auf der rechten Seite der so erhaltenen Summen kommt jede Kante r zweimal vor, da sie zu zwei Polyedern M_1 und M_2 gehört (vgl. Abb. 93). Aber beim positiven Durchlauf des Randes von M_1 erhält r eine Richtung, und beim positiven Durchlauf des Randes von M_2 erhält r die entgegengesetzte Richtung. Somit kommt auf der

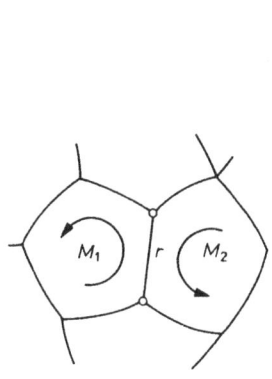

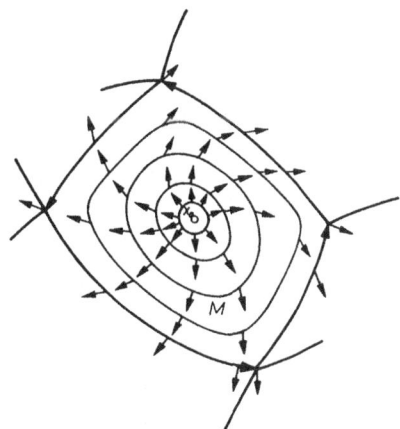

Abb. 93   Abb. 94

rechten Seite sowohl $d(r)$ als auch $-d(r)$ genau einmal vor. Da dies für jede Kante gilt, haben wir schließlich

$$\Sigma \, z_1(M) - \Sigma \, z_2(M) = 0 \,. \tag{14}$$

Es seien M ein Polyeder und x_0 ein singulärer Punkt des Feldes $v_1(x)$, der in diesem Polyeder liegt. Wir stellen uns ein System einfach geschlossener Kurven vor, die innerhalb von M verlaufen und um den Punkt x_0 herumführen (Abb. 94). Beim Übergang von einer Kurve zu einer nahegelegenen anderen Kurve kann sich die Anzahl der Umdrehungen des Vektors $v_1(x)$ nur wenig ändern, da das Feld $v_1(x)$ stetig ist. Aber die Anzahl der Umdrehungen ist ganzzahlig, und somit ist eine „kleine" Änderung nicht möglich, d. h., sie bleibt beim Übergang von einer Kurve zur nächsten konstant. Beim Umlauf längs des Randes des Polyeders M ist die Anzahl der Umdrehungen, die man erhält, gleich $z_1(M)$, und beim Umlauf längs einer Kreislinie um den Punkt x_0 ist die Anzahl der Umdrehungen gleich dem Index dieses Punktes. Somit ist $z_1(M)$ gleich dem Index des singulären Punktes x_0 (wenn innerhalb von M keine singulären Punkte gelegen sind, so ist $z_1(M) = 0$). Hieraus folgt nun, daß $\Sigma \, z_1(M)$ gleich der Summe der Indizes aller singulären Punkte des Feldes $v_1(x)$ ist. Analog ist $\Sigma \, z_2(M)$ gleich der Summe der Indizes der singulären Punkte des Feldes $v_2(x)$. Hieraus folgt mit (14), daß *für beide Felder die Summe der Indizes gleich ist.* Damit ist der erste Teil bewiesen.

Wir wählen jetzt innerhalb eines jeden Polyeders ein „Zentrum" und auf jeder Kante ihre „Mitte"; danach konstruieren wir ein Vektorfeld, wie es in Abb. 95 dargestellt ist: Längs der Kanten sind die Vektoren von den

Abb. 95

Knotenpunkten zu den Mitten gerichtet, aus den Knotenpunkten laufen die Vektoren heraus, in die Zentren der Polygone laufen sie hinein. Singuläre Punkte dieses Feldes auf der Fläche Q sind die Knotenpunkte, die Mitten und die Zentren. Hierbei (Abb. 96) ist der Index jedes singulären Punktes in einem Knotenpunkt und in einem Zentrum gleich $+1$, und der Index der Mitte einer Kante ist gleich -1 (Sattelpunkt). Somit ist für dieses (und somit auch für jedes beliebige andere) Feld die Summe der Indizes aller singulären Punkte gleich $E \cdot (+1) + K \cdot (-1) + F \cdot (+1) = \chi(Q)$.

Knotenpunkt   "Mitte"   "Mitte"
                     einer Kante   einer Fläche   Abb. 96

Aufgaben

92. Man zeige, daß auf jeder geschlossenen Fläche ein Vektorfeld existiert, das einen einzigen singulären Punkt besitzt.

93. Man zeige, daß auf jeder berandeten Fläche ein Vektorfeld ohne singuläre Punkte existiert (wobei die Richtung der Vektoren in den Randpunkten tangential zur Fläche, jedoch nicht notwendig tangential zum Rand verläuft.

94. Man zeige, daß der Satz von POINCARÉ für orientierbare berandete Flächen gültig bleibt, wenn man voraussetzt, daß in jedem Randpunkt die Vektoren tangential zum Rand verlaufen.

95. Man beweise den Satz von BROUWER: *Ist $f: K \to K$ eine beliebige stetige Abbildung der Kreisfläche K in sich, so gibt es* (wenigstens einen) *Fixpunkt, d. h. einen solchen Punkt $x \in K$, der durch die Abbildung f auf sich selbst abgebildet wird: $f(x) = x$.*

Hinweis: Angenommen, es gibt keinen Fixpunkt. Indem wir dann jedem Punkt x den Vektor von x nach $f(x)$ zuordnen, erhalten wir ein stetiges, überall von 0 verschiedenes Vektorfeld ohne singuläre Punkte, das auf dem Rand von K stets ins Innere von K weist.

2.7.   Das Vierfarbenproblem

Die Gebiete, in die ein endlicher Graph G die Ebene teilt, nennen wir *Länder*. In Abb. 97 sind die Länder A und B benachbart (sie treffen längs einer gemeinsamen Kante zusammen). Die Länder B und C sind ebenfalls benachbart (sie haben sogar zwei gemeinsame Kanten). Die Länder A und C

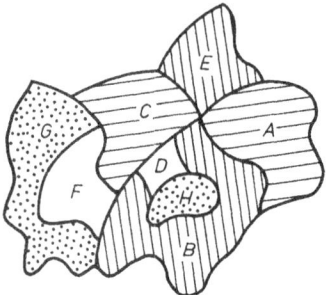

Abb. 97

sind nicht benachbart, sie haben zwar einen Punkt gemeinsam (Knotenpunkt), aber keine gemeinsame Kante.

Wir wollen die Länder mit verschiedenen Farben einfärben, und zwar so, daß wir eine „politische Karte" erhalten. Damit ist gemeint, daß benachbarte Länder notwendigerweise verschiedene Farben erhalten, um sie gut sichtbar zu machen. Jedoch im Zuge der Ökonomie (bezüglich der Anzahl der Farben) wird erlaubt, Länder, die nicht benachbart sind, gleich einzufärben. Welches ist die minimale Anzahl von Farben, die notwendig sind, um eine beliebige Karte in der Ebene einzufärben?

Diese Aufgabe wurde im Jahre 1852 von dem Londoner Studenten GUTHRIE gestellt, dem aufgefallen war, daß zur Unterscheidung der Grafschaften auf einer Karte von England vier Farben ausreichten; und er stellte die Hypothese auf, daß *vier Farben zum Färben einer beliebigen Karte ausreichen.* Es vergingen fast vierzig Jahre, bis der englische Mathematiker HEAWOOD zeigte, daß man eine beliebige Karte in der Ebene mit fünf Farben färben kann. Allmählich erlangte das Vierfarbenproblem immer größeres Interesse. 1968 zeigten ORE und STEMPLE, daß man eine beliebige Karte, die nicht mehr als 40 Länder hat, mit vier Farben färben kann.

Gegenwärtig glaubt man, daß die Richtigkeit der Hypothese zum Vierfarbenproblem nachgewiesen ist. Der Zusatz „glaubt man" ist notwendig im Zusammenhang damit, daß die gegenwärtig bekannten Lösungen dieses Problems auf der Anwendung von Computern basieren und mit der Ausführung einer riesigen, unübersehbaren Anzahl von Rechnungen verbunden sind, wobei die Überprüfung der Richtigkeit der Rechnung praktisch unmöglich ist.

Die erste „Maschinen"-Lösung wurde 1976 von den amerikanischen Mathematikern K. APPEL und W. HAKEN erhalten. Mit Hilfe eines Computers (der ihnen „half", schrittweise ein Anfangsprogramm zu vervollkommnen) reduzierten sie alle möglichen Karten auf etwa 2000 (exakt angegebene)

Typen und entwickelten ein Rechenprogramm zu ihrer Untersuchung. Für jeden dieser Typen[1]) löste der Computer (nach dem entwickelten Programm) folgende Aufgabe: *Kann man in dem betrachteten Kartentyp eine solche Karte finden, die sich nicht mit vier Farben färben läßt?* Nachdem einige zehn Milliarden arithmetischer und logischer Operationen ausgeführt worden waren, gab der Computer die Antwort „Nein", ging zum folgenden Kartentyp über usw. Nachdem für alle Kartentypen die Antwort „Nein" erhalten worden war, erklärten Appel und Haken, daß sie eine rechnergestützte Lösung des Vierfarbenproblems erhalten hätten.

Es gibt jedoch keine Garantie für die Richtigkeit dieser „Maschinen-"Lösung. Denn für irgendeinen Kartentyp (etwa den 17.) beruhte das Ergebnis „Nein" möglicherweise nicht auf einer einwandfreien Analyse, sondern wurde durch einen Fehler in der Elektronik hervorgerufen (etwas, was nicht selten passiert). Da die Berechner davon nichts wissen, fahren sie fort mit dem 18., dem 19., ... Kartentyp, wobei es versäumt wurde, den 17. Typ zu untersuchen. Sogar dann haben wir keine Garantie für die Richtigkeit der Lösung, wenn wir um den Preis einer Verzögerung um viele Monate das Maschinenexperiment wiederholen; es kann der Fall eintreten, daß irgendwo in der Kette der vielen Millionen Einzelrechnungen, die gerade für den 17. Typ ausgeführt wurden, auch in unserer Maschine ein Fehler auftritt.

Im Jahre 1978 wurde von Cohen eine neue Maschinenlösung vorgestellt. Er hatte wesentlich weniger Kartentypen, wobei er als Ergebnis der maschinellen Berechnung für jeden Typ und Untertyp nicht nur ein kurzes „Nein" erhielt, sondern eine solche Mitteilung, die man „von Hand" nachprüfen konnte. Es interessierte ihn nicht, welchen Weg der Computer bei der Untersuchung eines Untertyps einschlug und wie viele Operationen er benötigte. Die Untersuchung eines Untertyps wurde von ihm als erledigt betrachtet, wenn die Maschine einen hinreichend kurzen Nachweis für ihr abschließendes „Nein" gefunden hatte. Die von Cohen gefundene Lösung des Vierfarbenproblems ist in einem Buch von mittlerem Format und Umfang dargestellt. Er glaubt, daß seine Lösung, wenn es gewünscht wird, von einem einzelnen Menschen überprüft werden kann, der zwei bis drei Jahre (!) täglich acht Stunden an dieser Überprüfung arbeitet. Skeptiker glauben jedoch, daß auch diese Lösung unbefriedigend ist: Kann ein Mensch, der sich zwei Jahre lang von morgens bis abends mit dem langweiligen Überprüfen von Varianten beschäftigt, garantieren, daß ihm nirgends ein Fehler unterläuft?

---

[1]) außer drei, die „von Hand" untersucht wurden, da sie vom Computer nicht bewältigt wurden

Aufgaben

96. In der Ebene (oder auf der Sphäre) sei ein Graph gezeichnet, dessen sämtliche Knotenpunkte geraden Index haben. Man zeige, daß die so entstandene Karte mit zwei Farben gefärbt werden kann.
Hinweis: Man benutze den Schnittindex.

97. Man zeige, daß zum Färben einer beliebigen Karte in der Ebene (oder auf der Sphäre) fünf Farben ausreichen.

98. Auf einer Fläche sei ein Graph gezeichnet, bei dem von je zwei benachbarten Ländern wenigstens eines ein Dreieck ist. Man zeige, daß eine solche Karte mit vier Farben gefärbt werden kann.

99. Es seien zwei konzentrische Kreise gegeben, zwischen denen „Trennwände" errichtet sind, die diese beiden Kreise miteinander verbinden. Wieviel Farben braucht man, um die so erhaltene Karte zu färben?

2.8.   Färbung von Karten auf Flächen

Beispiel 30. HEAWOOD zeigte, daß *man jede beliebige Karte auf dem Torus mit sieben Farben färben kann* (das folgt aus der weiter unten bewiesenen Gleichung (16)). Er führte auch ein Beispiel an, das zeigt, daß man mit weniger als sieben Farben auskommen kann. Heftet man die gegenüberliegenden Seiten des Rechtecks von Abb. 98 zusammen, so verwandelt es sich in einen Torus mit sieben Ländern (Abb. 99). Je zwei beliebige Länder sind benachbart, d. h., alle sieben Länder müssen mit verschiedenen Farben gefärbt werden.

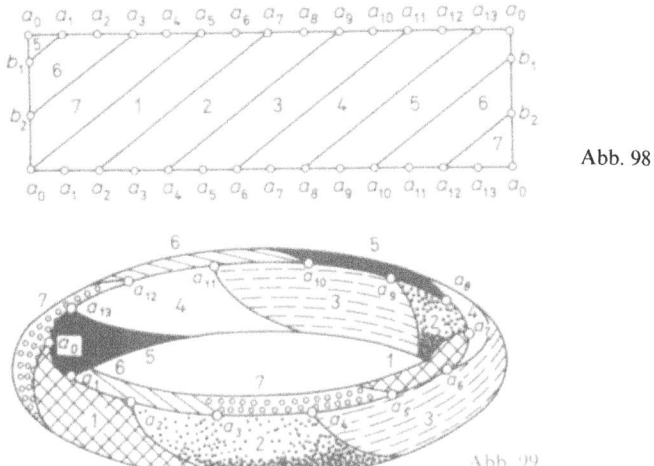

Abb. 98

Reichen für jede Karte auf der Fläche Q höchstens n Farben für die Färbung aus und gibt es eine Karte, für deren Färbung man mindestens n Farben benötigt, so heißt n die *chromatische Zahl* der Fläche Q; sie wird mit col (Q) bezeichnet. Für die Sphäre und den Torus gilt, entsprechend dem bereits früher Gesagten, col $(P_0) = 4$ und col $(P_1) = 7$. Allgemein ist für jede geschlossene Fläche Q, mit Ausnahme der Kleinschen Flasche N_2, die chromatische Zahl durch die *Formel von Heawood* gegeben:

$$\text{col}\,(Q) = \left[\frac{7 + \sqrt{49 - 24\chi(Q)}}{2} \right], \tag{15}$$

wobei die eckigen Klammern den *ganzzahligen Anteil* bezeichnen. Für die Kleinsche Flasche gilt col $(N_2) = 6$.

Diese Resultate wurden von mehreren Generationen von Mathematikern erhalten. HEAWOOD gelang der Nachweis der Ungleichung

$$\text{col}\,(Q) \leqq \left[\frac{7 + \sqrt{49 - 24\chi(Q)}}{2} \right]. \tag{16}$$

Es blieb zu zeigen, daß auf einer Fläche Q, die von der Kleinschen Flasche verschieden ist, eine Karte existiert, für deren Färbung man nicht mit einer kleineren Anzahl von Farben auskommt, als in (15) angegebenen. Zunächst wurden solche Karten nur für einige spezielle orientierbare und nichtorientierbare Flächen angegeben. Der Existenznachweis der gesuchten Karten für beliebige nichtorientierbare Flächen wurde von RINGEL (1954) geführt und für orientierbare Flächen von RINGEL und YOUNGS (1968).

Wir werden die Ungleichung (16) beweisen. Dazu sei auf der Fläche Q eine Karte gezeichnet, für deren Färbung man $c = \text{col}\,(Q)$ Farben benötigt. Im Innern jedes Landes wählen wir einen Punkt (die „Hauptstadt"). Für je zwei benachbarte Länder bauen wir auf dem Territorium dieser Länder einen „Schienenstrang", der diese Hauptstädte verbindet (Abb. 100), und zwar derart, daß sich verschiedene Schienenstränge nicht kreuzen. Statt ein Land mit einer Farbe zu färben, werden wir in seiner Hauptstadt eine Flagge aufstellen, die gerade diese Farbe hat. Sind hierbei zwei Hauptstädte durch einen Schienenstrang miteinander verbunden (d. h., sind die Länder benachbart), so müssen ihre Flaggen verschiedene Farben haben. Somit muß man die Knotenpunkte des Graphen G^* (dessen Kanten den Schienensträngen entsprechen) derart einfärben, daß je zwei beliebige benachbarte Knotenpunkte (d. h. solche, die durch eine Kante verbunden sind),

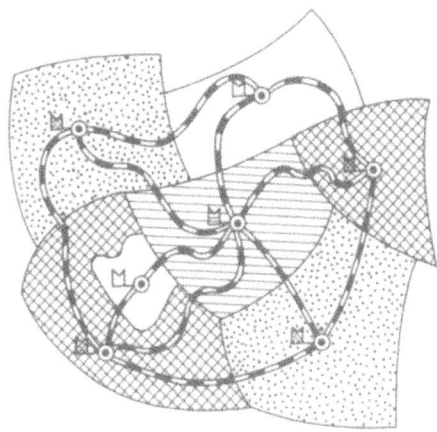

Abb. 100

verschiedene Farben erhalten. Es ist klar, daß die *chromatische Zahl* des Graphen G^*, d. h. die kleinste Anzahl von Farben, die man für eine solche Färbung braucht, gleich c ist.

Wir entfernen aus G^* einen beliebigen Knotenpunkt a und alle an ihn angrenzenden Kanten. Verringert sich beim Übergang zum so erhaltenen Graphen G' die chromatische Zahl nicht, so kann man statt G^* einfach G' nehmen. Es kann der Fall eintreten, daß man auch in G' wieder einen Knotenpunkt und die an ihn angrenzenden Kanten entfernen kann, usw. Schließlich erhalten wir einen Graphen G^{**}, der sich nicht weiter vereinfachen läßt und der in G^* enthalten ist, d. h., die chromatische Zahl von G^{**} ist c, aber wenn wir einen beliebigen Knotenpunkt und die an ihn angrenzenden Kanten herausnehmen, verringert sich die chromatische Zahl. Die Anzahl der Knotenpunkte und Kanten von G^{**} bezeichnen wir mit E bzw. K und die Anzahl der Gebiete, in die dieser Graph die Fläche Q zerlegt, mit F. Dann ist (siehe Aufgabe 72)

$$E - K + F \geqq \chi(Q) \, . \tag{17}$$

In jedem Knotenpunkt des Graphen G^{**} enden nicht weniger als $c - 1$ Kanten. Nehmen wir an, daß im Knotenpunkt $b \in G^{**}$ die Kanten $[bq_1], \dots, [bq_k]$ enden, wobei $k < c - 1$ ist. Wir entfernen aus G^{**} den Knotenpunkt b und diese Kanten und erhalten auf diese Weise einen Graphen G'' mit einer chromatischen Zahl, die kleiner als c ist. Wir färben diesen Graphen mit $c - 1$ Farben. Da $k < c - 1$ ist, ist wenigstens eine der $c - 1$ Farben, mit denen

G'' gefärbt wurde, nicht benutzt worden, um die Knotenpunkte $q_1, \ldots, q_k$ zu färben. Färben wir nun b mit dieser nicht benutzten Farbe, so erhalten wir eine Färbung von G^{**} mit $c - 1$ Farben, was natürlich der Wahl von G^{**} widerspricht. Somit grenzen an jeden Knotenpunkt des Graphen G^{**} nicht weniger als $c - 1$ Kanten an. Hieraus (siehe Aufgabe 20) folgt

$$(c - 1) E \leqq 2K. \tag{18}$$

Weiterhin hat jedes durch den Graphen G^{**} definierte Gebiet nicht weniger als drei Kanten. Denn ein „Eineck" (Abb. 101a) würde bedeuten, daß es einen Schienenstrang gibt, der von einer Hauptstadt in die gleiche Hauptstadt führt (ohne einen Umweg über andere Hauptstädte), und ein „Zweieck" (Abb. 101b) würde bedeuten, daß zwei Hauptstädte durch zwei Stränge miteinander verbunden sind; aber solche Stränge haben wir nicht angelegt.

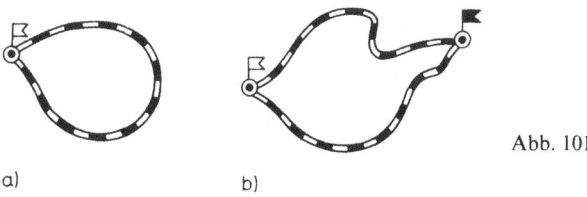

Abb. 101

a)   b)

Zählen wir jetzt die Kanten aller F Gebiete, so erhalten wir nicht weniger als $3F$ Kanten; hierbei haben wir jede Kante zweimal gezählt (da sie an zwei Gebiete angrenzt). Somit ist $3F \leqq 2K$, d. h. $\frac{2}{3} K - F \geqq 0$. Indem wir diese Ungleichung zu (17) addieren, erhalten wir $E - \frac{1}{3} K \geqq \chi(Q)$ oder $2K \leqq 6E$ $-6\chi(Q)$. Indem wir jetzt (18) anwenden, erhalten wir $(c - 1) E \leqq 6E - 6\chi(Q)$, d. h.

$$c - 1 \leqq 6 - \frac{6\chi(Q)}{E}. \tag{19}$$

Jetzt ist es nicht schwer, den Beweis zu vollenden. Es sei zunächst die Fläche Q homöomorph zur Sphäre: $Q = P_0$. Dann ist $\chi(Q) = 2$, d. h.,

die zu beweisende Ungleichung (16) hat die Gestalt col $(Q) \leqq 4$. Diese Ungleichung ist richtig, da das Vierfarbenproblem gelöst ist.
Es sei jetzt $Q = N_1$, d. h. $\chi(Q) = 1$. Die Ungleichung (16) hat dann die Gestalt col$(Q) \leqq 6$. Diese Ungleichung ist richtig, da aus (19) folgt, daß $c - 1 \leqq 6 - \dfrac{6}{E}$ und somit $c - 1 \leqq 5$ ist (denn $c - 1$ ist eine ganze Zahl).

Schließlich sei Q eine von P_0 und N_1 verschiedene Fläche. Dann ist $\chi(Q) \leqq 0$ (Aufgabe 70 und 82). Wegen $E \geqq c$ (andernfalls könnte man den Graphen mit $c - 1$ Farben färben) ist $-\dfrac{6\chi(Q)}{E} \leqq -\dfrac{6\chi(Q)}{c}$ und somit wegen (19)

$c - 1 \leqq 6 - \dfrac{6\chi(Q)}{c}$, d. h. $c^2 - 7c + 6\chi(Q) \leqq 0$. Das bedeutet, daß c in dem Intervall liegt, das durch die Nullstellen des Polynoms $x^2 - 7x + 6\chi(Q)$ begrenzt wird (die Nullstellen sind reell wegen $6\chi(Q) \leqq 0$). Somit wird c nicht größer als die größere der beiden Nullstellen, d. h.

$$c \leqq \frac{1}{2}(7 + \sqrt{49 - 24\chi(Q)}) \, .$$

Somit ist die Ungleichung (16) auch in diesem Fall gültig.

Aufgaben

100. Die Fläche Q entstehe aus der Sphäre mit $k + q$ Löchern, von denen k mit Henkeln verklebt werden. Man zeige, daß col $(Q) = $ col (P_k) ist.

101. Die Fläche Q entstehe aus der Sphäre mit $k + q$ Löchern, indem q dieser Löcher mit Möbiusbändern verklebt werden. Man zeige, daß col $(Q) = $ col (N_q) ist. Speziell ist die chromatische Zahl des Möbiusbandes gleich 6.

102. Man findet eine Karte auf der projektiven Ebene (oder dem Möbiusband), die man nicht mit fünf Farben färben kann.

103. Man bestimme die chromatische Zahl eines Graphen, dessen Knotenpunkte und Kanten die Ecken bzw. Kanten eines n-Ecks sind.

104. Man bestimme die chromatische Zahl des Graphen aus „m Häusern und n Brunnen".

105. Man zeige, daß es für jede Fläche einen Graphen gibt, den man nicht in diese Fläche einbetten kann.

106. Ein Graph mit der chromatischen Zahl 2 habe n Knotenpunkte. Wieviel Kanten kann dieser Graph maximal haben?

107. Man zeige: Zeichnet man auf einer gegebenen Fläche eine Karte mit hinreichend kleinen Ländern, so kann man sie mit sieben Farben färben.

108. Man zeige: Zeichnet man auf der Fläche Q einen Graphen mit der chromatischen Zahl c, so ist col $(Q) \geqq c$.

109. Man zeige: Auf der Kleinschen Flasche kann man einen vollständigen Graphen mit sechs Knotenpunkten zeichnen. Man leite hieraus col $(N_2) \geqq 6$ ab.

2.9. Wilde Sphären

In diesem Abschnitt beschäftigen wir uns mit dem *Schnittindex im Raum* und behandeln Probleme, die mit der räumlichen Version des Jordanschen Kurvensatzes zusammenhängen.

Es sei Q eine (eventuell berandete) Fläche, die aus ebenen Polygonen zusammengesetzt ist, und G sei ein Graph, dessen Kanten Strecken sind. G und Q befinden sich in *allgemeiner Lage*, wenn die Knotenpunkte des Graphen nicht zu Q gehören und auch seine Kanten keine gemeinsamen Punkte mit den Kanten der Polygone in Q haben. Ist hierbei die Anzahl der Schnittpunkte des Graphen mit der Fläche gerade, dann setzen wir $J(G, Q) = 0$, ist sie dagegen ungerade, so definieren wir $J(G, Q) = 1$. Die Zahl $J(G, Q)$ ist der *Schnittindex* des Graphen G mit der Fläche Q.

Wie auch in Abschnitt 1.5 zeigt man: *Besitzt die Fläche Q keinen Rand und ist der Graph G ein Zyklus* (d. h., *jeder seiner Knotenpunkte besitzt eine gerade Anzahl von Kanten*), *so ist $J(G, Q) = 0$.*

Aufgaben

110. Eine Vereinigung endlich vieler Polygone im Raum ist ein *zweidimensionaler Zyklus* (*modulo* 2), falls diese Polygone keine inneren Punkte gemeinsam haben und in jeder Kante eine gerade Anzahl von Polygonen zusammentreffen. Man zeige, daß $J(G, Q) = 0$ ist, falls G ein eindimensionaler und Q ein zweidimenionaler Zyklus ist und sich G und Q in allgemeiner Lage befinden.

111. Es sei Q ein zweidimensionaler Zyklus modulo 2. Hierbei stelle man sich vor, daß er aus metallischen Polygonen zusammengelötet sei. Man zeige, daß man in die hierdurch entstehenden Gebiete des Raumes so zwei verschieden gefärbte „Flüssigkeiten füllen" kann, daß jedes Polygon Gebiete mit verschiedenen Flüssigkeiten trennt.

112. Man zeige, daß eine räumliche Karte existiert, für deren Färbung (oder „Füllung mit verschiedenfarbigen Flüssigkeiten") nicht weniger als 1986 Farben benötigt werden.

113. Eine endliche Menge orientierbarer Polygone im Raum, die keine gemeinsamen inneren Punkte besitzen (aber gemeinsame Kanten oder Knoten besitzen können), bildet einen *zweidimensionalen ganzzahligen Zyklus*, falls für jede gerichtete Kante die Anzahl der positiv angrenzenden Polygone (in Abb. 102 sind dies M_1 und M_4) gleich der Anzahl der negativ angrenzenden Polygone (M_2 und M_3 in Abb. 102) ist. Man zeige, daß der Schnittindex

$$J(G, Q) = \sum_{i, j} J(r_i, M_j)$$

gleich 0 ist, falls G ein eindimensionaler ganzzahliger Zyklus und Q ein zweidimensionaler ganzzahliger Zyklus im Raum ist. Hierbei erstreckt sich die Summierung über alle gerichteten Strecken $r_1, \ldots, r_k$, die den Zyklus G bilden, und über alle orientierbaren Polygone $M_1, \ldots, M_l$, die den Zyklus Q bilden. Dabei ist $J(r_i, M_j) = +1$ bzw. $J(r_i, M_j) = -1$ in Abhängigkeit davon, ob die Orientierung der Rechten-Hand-Regel entspricht (Abb. 103a) oder nicht (Abb. 103b).

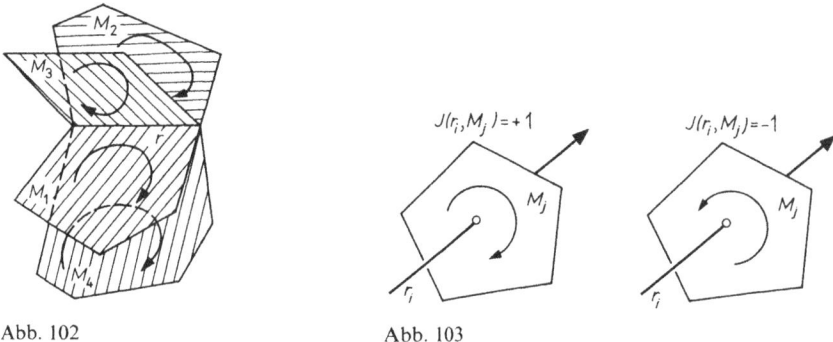

Abb. 102   Abb. 103

114. Es sei Q ein zweidimensionaler Zyklus, und es seien p und q zwei nicht auf ihm liegende Punkte. Ferner sei x ein gerichteter Polygonzug von p nach q. Man zeige, daß der Schnittindex $J(x, Q)$ nicht von der Wahl des Polygonzuges x abhängt, sondern nur von der Lage der Punkte p und q.

115. Es sei Q ein zweidimensionaler Zyklus modulo 2. Man zeige, falls ein gerichteter Polygonzug x (nicht geschlossen) existiert, für welchen $J(x, Q) = n$ ist, so zerlegt Q den Raum in nicht weniger als $n + 1$ Gebiete. Gilt auch die Umkehrung?

Mit Hilfe des Schnittindex modulo 2 beweist man (z. B. wie in Abschnitt 1.6) das räumliche Analogon des Jordanschen Kurvensatzes: *Jede geschlossene Fläche Q des dreidimensionalen Raumes ohne Selbstdurchdringung zerlegt den Raum in zwei Teile.* Einer dieser beiden Teile ist beschränkt und wird *Inneres* genannt, der andere ist unbeschränkt und wird *Äußeres* genannt. Obwohl darüber nichts in der Formulierung des Satzes gesagt wird, bemerkt man, daß jede Fläche, die ohne Selbstdurchdringung im dreidimensionalen Raum liegt, zweiseitig sein muß, denn sie zerlegt den Raum in zwei Teile, hat also zwei Seiten. Hierdurch bestätigt sich, daß geschlossene einseitige Flächen nicht ohne Selbstdurchdringung im dreidimensionalen Raum gelagert werden können.

Aufgaben

117. Es sei Q eine aus ebenen Polygonen zusammengesetzte Fläche und l ein in einem beliebigen Punkt c des Raumes beginnender Strahl. Man zeige, daß c dann und nur dann zum durch die Fläche Q definierten Innengebiet gehört, wenn Q von l in einer ungeraden Anzahl von Punkten geschnitten wird.

118. Existiert im Raum eine Menge, die gemeinsame Grenze dreier Gebiete ist?

Am Schluß von Abschnitt 1.6, als wir den Jordanschen Kurvensatz für die Ebene behandelten, bemerkten wir, daß die Vereinigung einer einfach geschlossenen Kurve und ihres Inneren homöomorph zur Kreisfläche ist. Gilt das räumliche Analogon dieser auf den ersten Blick offensichtlich erscheinenden Behauptung ebenfalls, d. h., ist die Vereinigung einer zur Sphäre homöomorphen Fläche mit ihrem Inneren homöomorph zur Kugel? Für die einfachsten Flächen, die homöomorph zur Sphäre sind (beispielsweise für die konvexen Polyeder) ist dies tatsächlich richtig. Im allgemeinen jedoch ist diese scheinbar offensichtliche Behauptung falsch — die Anschauung hat uns getäuscht. Mit anderen Worten, im dreidimensionalen Raum existiert eine zur Sphäre homöomorphe Fläche, deren Vereinigung mit ihrem Inneren nicht zur Kugel homöomorph ist. Die Konstruktion einer solchen „wilden Sphäre" ist mit den Arbeiten des französischen Mathematikers ANTOINE und des amerikanischen Mathematikers ALEXANDER verbunden.

Bevor wir zur Beschreibung wilder Sphären übergehen, soll die Frage der *Kontrahierbarkeit einer Kurve* behandelt werden. Es sei l eine einfach geschlossene Kurve, die sich in einer Figur M befindet. Eine Kurve l ist *kontrahierbar*, wenn man sie (in M) zu einem Punkt zusammenziehen kann. Das ist gleichbedeutend damit, daß die Kurve l sich (in M) zu einem Punkt zusammenziehen läßt. Man kann sich dies auf der Kreisfläche P durch ein System konzentrischer Kreise veranschaulichen.

119. Es sei M eine offene Kugel. Man zeige, daß eine beliebige einfach geschlossene Kurve in M kontrahierbar ist.

120. Es sei A eine aus endlich vielen Punkten bestehende Figur in R^3. Man zeige: Jede Kreislinie l, welche sich im Äußeren von A befindet, kann auch im Äußeren von A kontrahiert werden.

Hinweis: Man betrachte eine l enthaltende Kugel. Diese kann so durch Vertiefungen deformiert werden, daß der entstehende Körper in seinem Inneren die Kurve l, aber keinen Punkt der Menge A enthält und homöomorph zur Kugel ist.

Die Behauptung aus Aufgabe 120 kann man folgendermaßen erklären. Ist *l* eine Kreislinie, die nicht durch die Punkte der Figur *A* (die nur aus endlich vielen Punkten bestehen soll) verläuft, dann kann die Kreisfläche, die durch *l* aufgespannt wird (auch wenn sie durch Punkte der Figur *A* geht), durch kleine Deformationen so „verbogen" werden, daß sie durch keinen der Punkte aus *A* geht. Hierdurch kann der Eindruck entstehen, daß in der Komplementärmenge einer nulldimensionalen Menge *A* eine beliebige Kreislinie kontrahierbar ist. Dies ist jedoch falsch.

Beispiel 31. Wir betrachten eine geschlossene Kette A_1, welche aus mehreren Kettengliedern besteht (Abb. 104a), und ersetzen nun weiter jedes Kettenglied durch ähnliche geschlossene Ketten, welche aus kleineren Kettengliedern bestehen, die im Inneren des vorigen Kettengliedes verlaufen. Wir erhalten eine Menge $A_2 \subset A_1$, die aus vielen kleineren Ketten besteht (Abb. 104b). Jetzt kann man jedes Kettenglied aus der Menge A_2 durch eine geschlossene Kette mit noch kleineren Kettengliedern (die sich im Inneren jedes der vorherigen Kettenglieder befinden) ersetzen. So erhalten wir eine Menge $A_3 \subset A_2$. Wird dieser Prozeß fortgesetzt, so erhalten wir eine Folge $A_1 \supset A_2 \supset A_3 \supset \dots$. Der Durchschnitt aller dieser Mengen ist die *Antoinesche Menge A**.

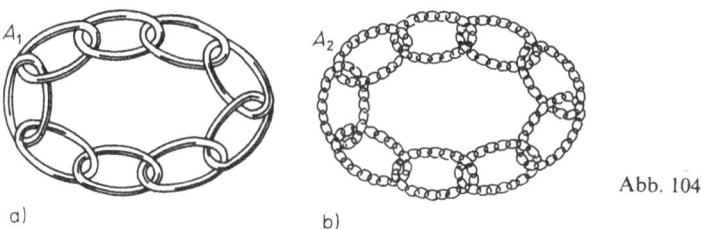

a)   b)   Abb. 104

Die Menge *A** ist nulldimensional. Die Durchmesser der Kettenglieder, aus denen sich die Menge A_n zusammensetzt, verkleinern sich unbeschränkt mit wachsendem *n*, weshalb in *A** keine zusammenhängende Menge existiert, die mehr als einen Punkt enthält.

Es möge jetzt l_1 eine Kreislinie sein, welche die ursprüngliche Kette A_1 umschlingt, und K_1 sei die Kreisfläche, die von l_1 begrenzt wird. In Abb. 105a schneidet die Kreisfläche K_1 den Torus T_1, der als Oberfläche eines der Kettenglieder dient, in zwei Kreislinien (Meridianen); eine von beiden werde mit l_2 bezeichnet. Der Teil der Kreisfläche, der durch die Kurve l_2 begrenzt wird, stellt eine kleinere Kreisfläche K_2 dar. Diese kleinere Kreisfläche befindet sich in derselben Lage zu dem Teil der Menge A_2, der sich im

Inneren des Torus T_1 befindet, wie sich der Kreis K_1 zur Menge A_1 befand (Abb. 105b). Man kann sich vorstellen, daß K_2 (ebenso wie auch K_1) einen der Tori (die als Rand der Kettenglieder der Menge A_2 dienen) in zwei Meridianen schneidet, von denen einer mit l_3 bezeichnet wird. Setzt man dieses Verfahren fort, so sieht man, daß der Durchschnitt der Kreisfläche K_1, den man sich auch als eine durch l_1 aufgespannte Membran vorstellen kann, mit jeder der Mengen A_1, A_2, A_3, ... nicht leer ist, und somit K_1 auch mit der Grenzmenge A^* einen nichtleeren Durchschnitt hat. Offenbar kann für K_1 auch jede durch l_1 aufgespannte andere Membran, welche eine stetige Deformation einer Kreisfläche ist, gewählt werden. Durch die obige Argumentation erhält man, daß eine beliebige solche Membran mit A^* einen nichtleeren Durchschnitt hat (der Beweis dieser Tatsache wird in Abschnitt 3.6 behandelt). Daher *kann die Kreislinie l_1 im Äußeren der Antoineschen Menge A^* nicht kontrahiert werden*. Diese Menge hat keine mehrpunktigen zusammenhängenden Teile, ist also nulldimensional und stört doch den Verlauf einer jeden in l_1 eingespannten Membran, die stetiges Bild einer Kreisfläche ist.

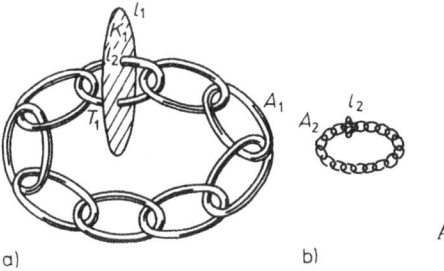

Abb. 105

a)   b)

Aufgaben

121. Man zeige, daß in l_1 eine zum Henkel homöomorphe Membran eingespannt werden kann, welche sich ganz im Äußeren von A^* befindet.

122. Man konstruiere eine einfach geschlossene Kurve, die durch alle Punkte der Antoineschen Menge verläuft.

Beispiel 32. Jetzt sind wir in der Lage, die Beschreibung einer wilden Sphäre zu geben. Es sei S eine Sphäre, die in ihrem Inneren sowohl die Menge A_1 als auch die Kreislinie l_1 enthält (Abb. 105a). Wir stellen uns nun vor, daß die Sphäre an einigen Stellen so eingedrückt wird, daß die entstehenden Einbeulungen ins Innere der Kugel und durch die Öffnung je eines der Tori zeigen, die die Menge A_1 begrenzen (Abb. 106). Dies kann so gemacht

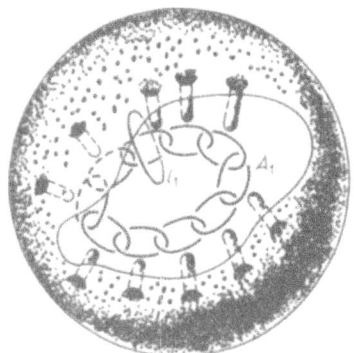

Abb. 106

werden, daß die Einbeulungen nicht die Kreislinie l_1 berühren. Die erhaltene Fläche S_1 (eine mit Vertiefungen versehene Sphäre) ist homöomorph zur Sphäre, und ihr Innengebiet U_1 ist homöomorph zur offenen Kugel, wobei die Kurve l_1 im Inneren U_1 liegt. Jetzt bringt man an den Enden der röhrenartigen Einbeulungen noch feinere Einbeulungen an, die ins Innere der die Menge A_1 begrenzenden Tori führen und in die Öffnung je eines der Kettenglieder der Menge A_2 zeigen. Wir erhalten eine ebenfalls zur Sphäre homöomorphe Fläche S_2, deren Innengebiet U_2 homöomorph zur offenen Kugel ist und l_1 enthält. Danach werden die Einbeulungen weiter in Richtung auf die Kettenglieder der Menge A_3 verfeinert. Setzt man die Konstruktion auf diese Weise fort, so erhält man in jedem Schritt eine zur Sphäre homöomorphe Fläche S_n, deren Inneres U_n die Kurve l_1 enthält und zur offenen Kugel homöomorph ist. Die neu hinzugefügten Vertiefungen werden in jedem Schritt immer kürzer, weshalb auch die Veränderung der Fläche in jedem Schritt immer kleiner wird und die Grenzfläche S^* zur Kugel homöomorph bleibt. Da die „Fangarme" der Flächen S_n immer näher an A^* heranrücken, enthält die Grenzsphäre S^* die Menge A^*. Das Innengebiet U^* der Sphäre S^* schneidet somit die Antoinesche Menge A^* nicht, denn diese Menge liegt auf dem Rand S^* des Gebietes U^*. Somit liegt das ganze Gebiet U^* im Äußeren von A^*. Deshalb ist die Kreislinie l_1, die im Innengebiet U^* liegt, nicht kontrahierbar, da die Kurve l_1 auch im Äußeren von A^* nicht kontrahierbar ist. Hieraus folgt aber (Aufgabe 119), daß das Gebiet U^* nicht homöomorph zur offenen Kugel sein kann. Deshalb ist die Vereinigung von S^* mit ihrem Innengebiet nicht homöomorph zur abgeschlossenen Kugel.

2.10. Knoten

Befindet sich in einer Schnur ein Knoten, so kann dieser gelöst werden, wenn die Enden der Schnur nicht verbunden sind. Deshalb betrachtet man in der Topologie Knoten nur in geschlossenen Kurven.

Beispiel 33. In Abb. 107 ist ein *einfacher Knoten* dargestellt (manchmal nennt man ihn auch „Kleeblattschlinge").

Beispiel 34. Gewöhnlich kann ein Doppelknoten (Abb. 108a) nicht mit einem sogenannten Seemannsknoten (Abb. 108b) verwechselt werden; der Knoten in Abb. 108a wird von den Seeleuten verächtlich „Großmutterknoten" genannt, da er sich leicht löst. In Abb. 109 sind die topologischen Schemata dieser Knoten gezeichnet.

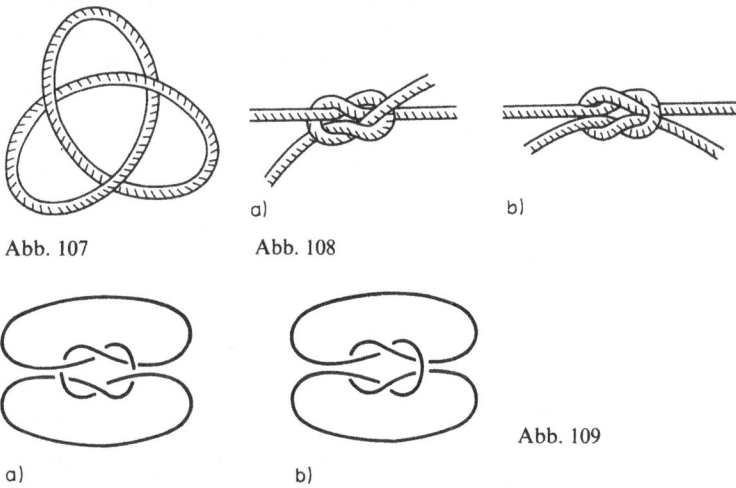

Abb. 107   Abb. 108

a)   b)

Abb. 109

Vom topologischen Gesichtspunkt aus ist ein *Knoten* eine zur Kreislinie homöomorphe Kurve im dreidimensionalen Raum. Zwei Knoten gelten als verschieden, wenn sie nicht isotop sind. Man stelle sich beispielsweise die verknotete und die unverknotete Kurve aus Abb. 110 vor. Es ist anschaulich klar, daß beide topologisch verschieden gelagert, also nicht isotop, sind. Einen Beweis dieser Tatsache betrachten wir später in Abschnitt 3.6.

Wir stellen uns die Realisierung eines Knotens als einen einfachen geschlossenen Polygonzug *l* im Raum vor und betrachten seine Projektion auf die horizontale Ebene. Diese Projektion des Knotens *l* kann sich selbst schnei-

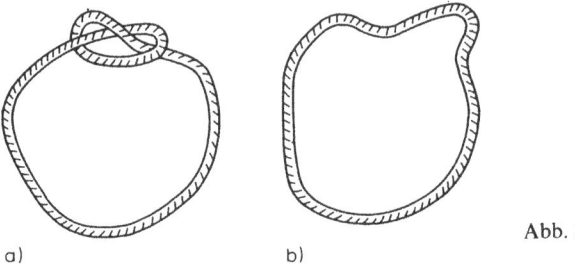

Abb. 110

a)   b)

den. Hierbei sei angenommen, daß jeder Schnittpunkt ein zweifacher Schnittpunkt ist, d. h., in ihm schneiden sich nur zwei und nicht mehr Kanten. Dies kann, wenn nötig, durch kleine Verschiebungen von Kanten erreicht werden. In den Abbildungen werden wir von zwei sich schneidenden Kanten diejenige unterbrochen zeichnen, welche unterhalb der anderen verläuft. Hierdurch erhalten wir eine anschauliche Zeichnung, eine sogenannte *Normalprojektion eines Knotens* (Abb. 111a). Man kann Knoten auch als glatte Kurven (ohne Knicke) in der Ebene darstellen, indem man sich ebenfalls an die Vereinbarung über ununterbrochene und unterbrochene Kurvenabschnitte hält (Abb. 111b).

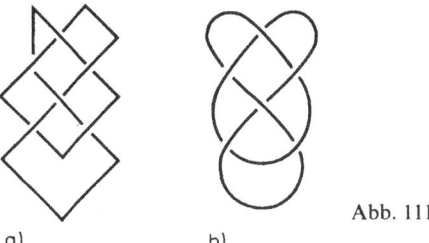

Abb. 111

a)   b)

Aufgaben

123. Man zeige, daß jeder ganzzahlige eindimensionale Zyklus als Vereinigung von orientierbaren Knoten darstellbar ist, d. h. als Vereinigung gerichteter Kurven im Raum, die paarweise zwar Knotenpunkte, aber keine anderen Punkte gemeinsam haben dürfen.

124. Man zeige, daß das dreifach verdrehte Band (Abb. 112) zum Möbiusband homöomorph ist und daß sein Rand zur Kleeblattschlinge isotop ist.

125. Man zeige, daß die in Abb. 113 dargestellte „verdrehte Schnalle" homöomorph zu einem Henkel ist und daß ihr Rand isotop zur Kleeblattschlinge ist.

126. Man zeige: Eine beliebige (orientierbare oder nicht orientierbare) nicht zur Kreisfläche homöomorphe Fläche, deren Rand zur Kreislinie homöomorph ist, kann so im dreidimensionalen Raum gelagert werden, daß ihr Rand eine Kleeblattschlinge wird.

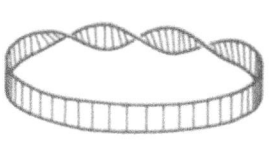 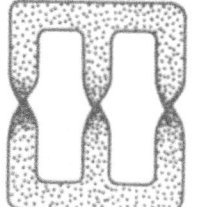

Abb. 112   Abb. 113

In Verbindung mit den Aufgaben 124 bis 126 entsteht die Frage, ob *zu einem beliebigen Knoten L eine „in ihn eingespannte Membran" existiert, d. h. eine Fläche (ohne Selbstdurchdringung), die L zum Rand hat.* Eine bestätigende Antwort auf diese Frage gab F. FRANKL durch folgende Überlegung. Eine Normalprojektion eines Knotens L zerlegt die Ebene in Gebiete, wobei die so entstehende Karte mit zwei Farben, z. B. Weiß und Rot, gefärbt werden kann. Die Möglichkeit einer solchen schachbrettartigen Färbung folgt aus Aufgabe 96, da jeder Knotenpunkt des bei der Projektion erhaltenen Graphen genau vier Kanten besitzt. Wir wollen hierbei annehmen, daß das äußere (unbeschränkte) Land weiß gefärbt wird. In Abb. 114a ist die Kurve eines Knotens ohne Unterbrechungen gezeigt, damit die Länder klar sichtbar werden. Zeichnen wir jetzt erneut in die Projektion des Knotens L Unterbrechungen ein, benutzen wir also eine Normalprojektion, so wird die Zeichnung räumlich, d. h., der rote Bereich scheint über die Überkreuzungen vereinigt zu sein (Abb. 114b). Dies gibt die geforderte Fläche, welche L zum Rand hat. Es sei angemerkt, daß diese Fläche im allgemeinen nicht orientierbar ist (man betrachte Abb. 112). Eine „sorgfältigere" Konstruktion gestattet es allerdings, für jeden Knoten eine orientierbare Fläche ohne Selbstdurchdringungen zu konstruieren, die diesen Knoten als Rand besitzt (man beachte die Aufgaben 130 bis 132).

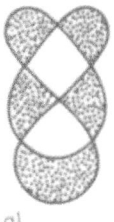 

Abb. 114

a)   b)

Aufgaben

127. Für jeden der Knoten aus Abb. 115 konstruiere man nach dem angegebenen Verfahren eine Fläche, die diesen als Rand besitzt. Ist diese Fläche zu einer der Flächen P_k, in die noch ein Loch geschnitten wurde, oder zu einer der Flächen N_q, in die noch ein Loch geschnitten wurde, homöomorph?

Abb. 115

128. Man zeige, daß die Franklsche Fläche dann und nur dann nichtorientierbar ist, wenn eine einfach geschlossene Kurve existiert, die nur durch rote Gebiete verläuft und eine ungerade Anzahl von Übergängen von einem Land zum anderen über die zweifachen Schnittpunkte besitzt (Abb. 116).

129. Ein *Geflecht* ist die Vereinigung einiger einfach geschlossener Kurven im Raum, die sich paarweise nicht schneiden (Abb. 117). Man zeige, daß zu jedem Geflecht eine geschlossene Fläche ohne Selbstdurchdringung existiert, die dieses als Rand hat.

Abb. 116

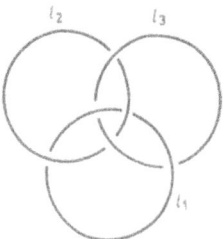

Abb. 117

130. Es sei L ein Geflecht. Man wähle jetzt für jede der Kurven von L eine Orientierung und bezeichne mit z den eindimensionalen ganzzahligen Zyklus, der als Normalprojektion des Geflechts L erscheint. Der Zyklus z zerlegt die Ebene in Länder. In jedem Land M fixiere man einen Punkt; den im Außengebiet nenne man o. Jedem dieser Punkte wird eine Zahl $k(M)$ zugeordnet, die gleich dem Schnittindex $J(x, z)$ ist, wobei x ein gerichteter

Polygonzug ist, der von o zu dem ausgezeichneten Punkt des Landes M über einige der anderen ausgezeichneten Punkte führt (Abb. 118). Es sei M_1 ein Land, für welches $|k(M)|$ seinen größten Wert annimmt. Man zeige, daß dann der Teil des Zyklus z, der den Rand von M_1 bildet, eine solche Orientierung hat, die einen Umlauf des Landes M_1 bildet (entgegengesetzt oder in Richtung des Uhrzeigersinns).

131. Es seien z und M_1 wie in Aufgabe 130 definiert. Entfernt man aus dem Zyklus z alle Teile, die den Rand des Landes M_1 darstellen, und ergänzt entstehende Lücken durch „Dämme" (die in Abb. 119a gestrichelt gezeichnet sind), so erhält man einen Zyklus z' mit einer geringeren Anzahl von Ländern. Eine analoge Konstruktion führt man nun auch auf dem Geflecht L durch und erhält so ein Geflecht L', dessen Projektion den Zyklus z' liefert. Die entfernten Teile werden so durch Dämme ergänzt, daß sich in die erhaltene Kurve eine zum Kreis homöomorphe Fläche P einspannen läßt, die in der Nähe der Dämme verdrehten „Schaufelblättern" ähnelt. Man zeige: Kann in L' eine orientierbare Membran Q eingespannt werden, dann kann durch Verkleben von Q und der Fläche P (an den Dämmen) ebenfalls eine orientierbare Fläche erhalten werden, die in den Zyklus z eingespannt ist.

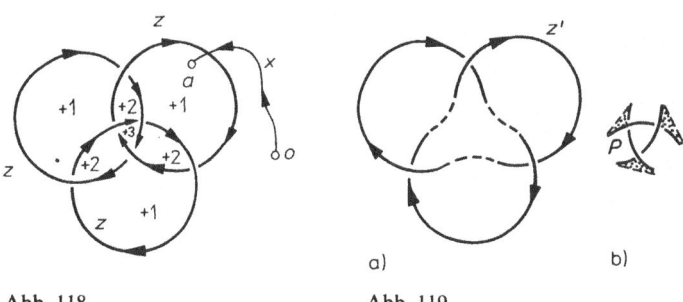

Abb. 118								Abb. 119

132. Unter Ausnutzung der vorangehenden zwei Aufgaben zeige man: *Ist L ein Geflecht im Raum und ist für jede seiner Kurven eine Orientierung gegeben, so existiert eine orientierbare Fläche mit dem Rand L, und zwar so, daß eine ihrer Orientierungen die Orientierungen der Kurven des Geflechts L liefert.*

Hinweis: Man muß darauf achten, daß in jedem Schritt der Konstruktion alle Ränder der erhaltenen Flächen von oben sichtbar sind.

133. Man zeige: Ist für den Zyklus z der größte Wert von $|k(M)|$ (siehe Aufgabe 130) gleich n, dann gilt für die Fläche, die in das Geflecht L nach der Konstruktion aus den Aufgaben 130 bis 132 eingespannt wurde, $\chi(Q) \geq n - q$, wobei q die Anzahl der zweifachen Schnittpunkte des Zyklus z ist.

134. Man zeige: Enthält ein Geflecht L genau l Komponenten, wobei die Anzahl der zweifachen Schnittpunkte seiner Normalprojektion z gleich q ist und der größte Wert von $|k(M)|$ für den Zyklus z gleich n ist, dann kann in dieses Geflecht eine Membran eingespannt werden, welche homöomorph zur Sphäre mit k Henkeln und l kreisförmigen Löchern ist, wobei $k \leq 1 + \dfrac{q - n - l}{2}$ ist.

7*

135. Man zeige: In den Semannsknoten (und auch in den „Großmutterknoten") kann man eine Membran einspannen, welche homöomorph zur Sphäre mit drei Löchern ist, von denen zwei mit Henkeln verklebt sind.

2.11. Verschlingungszahlen

Für zwei einander nicht schneidende orientierbare Kreislinien x, y im Raum (wobei x die erste und y die zweite Kreislinie bezeichnet) wird die *Verschlingungszahl* beider Kreislinien wie folgt definiert.

Man betrachte die Normalprojektion des Geflechts $x \cup y$ auf irgendeine („horizontale") Ebene. Es sei a ein Doppelpunkt (zweifacher Schnittpunkt) dieser Projektion, in welchem x unterhalb von y verläuft. Bewegt man sich in Richtung der Kreislinie x auf a zu, so sieht man (in der Projektion), daß y die Kreislinie x von links nach rechts (Abb. 120a) bzw. von rechts nach links (Abb. 120b) schneidet. Im ersteren Fall ordnet man a die Zahl $+1$ und im zweiten die Zahl -1 zu. Alle übrigen Doppelpunkte, d. h. Schnittpunkte ein und derselben Kreislinie bzw. Punkte, in denen die Kreislinie x oberhalb der Kreislinie y verläuft, erhalten den Wert 0 zugeodnet. Summiert man diese Werte über alle Doppelpunkte der Projektion, so erhält man die *Verschlingungszahl*, die auch mit $\mathfrak{w}(x, y)$ bezeichnet wird.

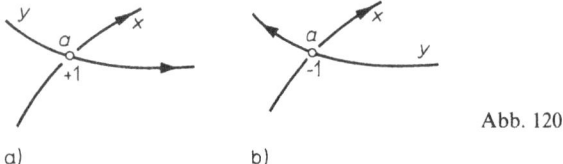

Abb. 120

a)   b)

Beispiel 35. Für zwei miteinander verschlungene Kettenglieder (Abb. 121a) ist die Verschlingungszahl gleich ± 1 (Abb. 121b). Für die in Abb. 122 abgebildeten Kreislinien gilt $\mathfrak{w}(x, y) = 3$.

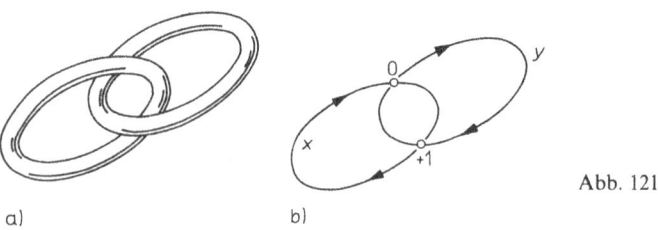

Abb. 121

a)   b)

Wir werden später sehen, daß die Verschlingungszahl nur von der Lage der Kreislinien, nicht aber von der Art der Projektion abhängt. Darüber hinaus ändert sich die Verschlingungszahl $\mathfrak{w}(x, y)$ auch dann nicht, wenn beide Kreislinien x, y einer solchen stetigen Deformation unterzogen werden, daß sie sich zu keinem Zeitpunkt der Deformation schneiden. Es zeigt sich, daß die Verschlingungszahl $\mathfrak{w}(x, y)$ eine *Isotopieinvariante* ist, d. h., bei einer homöomorphen Abbildung f des dreidimensionalen Raumes auf sich gilt für die Kreislinien x, y und für ihre Bilder $f(x)$, $f(y)$

$$\mathfrak{w}(f(x), f(y)) = \pm \mathfrak{w}(x, y).$$

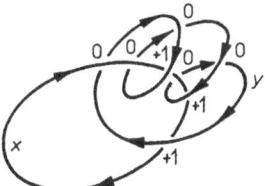

Abb. 122

Beispiel 36. Am Schluß von Abschnitt 1.2 wurde daran erinnert, daß das zweimal verdrehte Band zu dem unverdrehten (siehe Abb. 8 auf S. 19) zwar homöomorph ist, daß beide Figuren im Raum aber nicht isotop zueinander sind. Jetzt können wir diese Aussage beweisen. Dazu betrachten wir die Verschlingungszahlen der Ränder beider Bänder. Im Fall des zweifach verdrehten Bandes ist diese Verschlingungszahl gleich ± 1 (in Abhängigkeit davon, nach welcher Seite das Band verdreht wurde), und im Fall des unverdrehten Bandes ist sie gleich 0 (Abb. 123). Deshalb kann bei einer homöomorphen Abbildung des Raumes auf sich das zweimal verdrehte Band nicht in das unverdrehte übergehen. Das zweimal verdrehte Band kann nicht in das unverdrehte Band deformiert werden, denn bei einer Deformation schneiden sich die Ränder zu keinem Zeitpunkt. Deshalb kann sich die Verschlingungszahl nicht ändern.

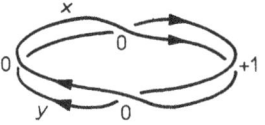
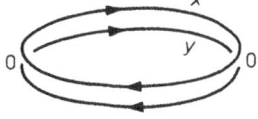

Abb. 123

a)   b)

Beispiel 37. Ein konstanter Strom I, der durch einen unendlichen geradlinigen Leiter P fließt, erzeugt ein Magnetfeld, dessen magnetische Feldstärke mit dem Abstand r vom Leiter die Größe $H = \dfrac{2I}{r}$ annimmt. Bekanntlich wird als Potential des Magnetfeldes diejenige Arbeit bezeichnet, die man aufwenden muß, um aus einem gewissen fixierten Punkt x_0 (dem Punkt des *Nullpotentials*) ein geladenes Teilchen mit Einheitsladung zu einem gegebenen Punkt zu transportieren. Im hier betrachteten Fall ist das Potential W des Magnetfeldes mehrdeutig. Man kann wie in Abb. 124a, b gezeigt wird,

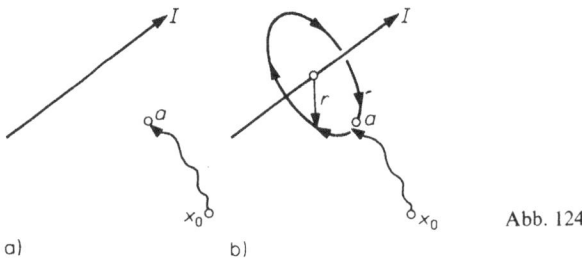

a)   b)   Abb. 124

ein geladenes Teilchen vom Punkt x_0 zu einem Punkt a auf zwei Wegen transportieren. Die zweite (in Abb. 124b dargestellte) Bewegung erfordert eine zusätzliche Arbeit gegen die Kraft $\dfrac{2I}{r}$ auf einem Weg der Länge $2\pi r$, d. h. eine zusätzliche Arbeit vom Betrag $4\pi I$. Wir sehen, daß ein Umlauf um den Leiter (es kommen hierbei nicht nur Kreislinien, sondern beliebige Wege in Frage) das magnetische Potential $W(a)$ um eine Größe $4\pi I$ ändert. Allgemein ändert sich das Potential nach m Umläufen (m kann hierbei eine beliebige ganze Zahl sein) um $4\pi I m$. Derselbe Ausdruck für die Änderung des Potentials gilt auch im Fall beliebiger (nicht unbedingt geradliniger) Leiter (siehe z. B. Abb. 125). Die Anzahl der Umläufe („Windungen") des

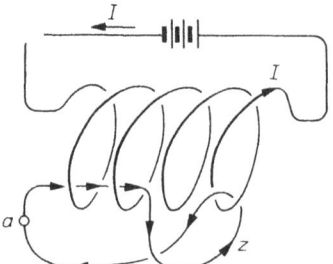

Abb. 125

Weges z um den Leiter P ist gleich dem Negativen der Verschlingungszahl des Leiters P mit dem Weg z, d. h., bei einem Umlauf um den Leiter P auf einem geschlossenen Weg z ändert sich das magnetische Potential um die Größe $4\pi Im$, wobei $m = -\mathfrak{w}(P, z)$ ist. Die Größe Im wird auch Amperewindungszahl genannt (falls der Strom I in Ampere gemessen wird).

Aufgaben

136. Man zeige, daß eine Vertauschung der Kreislinien ihre Verschlingungszahl nicht ändert, d. h., daß $\mathfrak{w}(x, y) = \mathfrak{w}(y, x)$ ist.

137. Die orientierten Kreislinien x', y' seien symmetrisch zu den Kreislinien x, y bezüglich irgendeiner Ebene (einschließlich der Orientierungen). Man zeige, daß $\mathfrak{w}(x', y') = -\mathfrak{w}(x, y)$ ist.

138. Welche Verschlingungszahl hat der Rand des Möbiusbandes (Abb. 50d auf S. 51) mit der Mittellinie des Möbiusbandes?

139. Es sei Q eine zum Möbiusband homöomorphe Fläche (etwa die in Abb. 126). Dabei sei x ihr Rand und y ihre „Mittellinie" (d. h. das Bild der Mittellinie des Möbiusbandes aus Abb. 50d bei diesem Homöomorphismus). Man zeige, daß $\mathfrak{w}(x, y)$ ungerade ist.

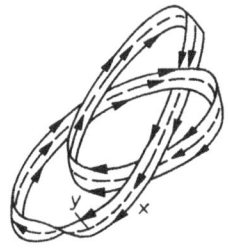

Abb. 126

Es soll nun eine äquivalente Definition der Verschlingungszahl gegeben werden. Wir stellen uns hierzu vor, daß die Kreislinien x, y „fast völlig" in der Ebene der Normalprojektion liegen, so daß nur in der Nähe der Doppelpunkte eine von beiden etwas tiefer als die andere liegt. Weiterhin betrachten wir eine orientierbare Membran Q, welche so wie das in Aufgabe 132 beschrieben wurde, in y eingespannt wurde (der Rand y ist vollkommen sichtbar, wenn man von oben auf die Membran Q schaut). Dabei verlaufe die Membran in der Nähe des Randes fast vertikal (Abb. 127). In den Punkten, in denen die Kreislinie x höher als y verläuft, liegt sie auch höher als die Membran Q, d. h., beide schneiden sich nicht. Dagegen schneiden sich beide in den Punkten, in denen die Kreislinie x tiefer als y verläuft. Hierbei hat der betrachtete Teil der Kreislinie x mit der Membran Q den Schnittindex $+1$, wenn die Kreislinie y von links nach rechts verläuft (Abb. 128a),

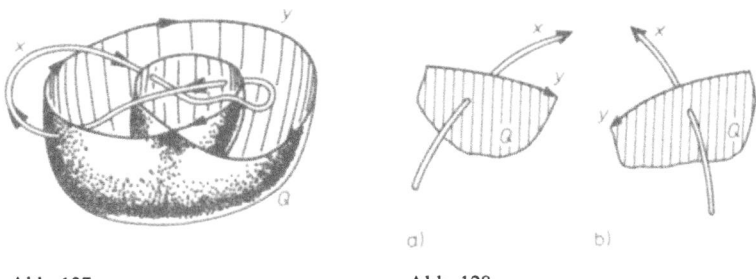

Abb. 127   Abb. 128

und -1, wenn sie von rechts nach links verläuft (Abb. 128 b), wobei wir in Richtung der Orientierung von x schauen. Aus einem Vergleich der Definition der Verschlingungszahl und des Schnittindex folgt die Gültigkeit der Gleichung

$$\mathfrak{w}(x, y) = J(x, Q),$$ (20)

wobei Q die zweidimensionale orientierbare Membran ist, welche in die Kreislinie y eingespannt und in Übereinstimmung mit ihr orientiert ist.

Die Gleichung (20) bleibt auch dann gültig, wenn man eine beliebige Membran Q nimmt. Hierzu seien Q und Q' zwei verschiedene orientierbare Membranen, die in die Kreislinie y eingespannt sind (und gleiche Orientierung wie y haben). Wir betrachten nun die Differenz der Membranen Q und Q'. Das ist die Vereinigung der Membranen Q und Q', wobei die Orientierung von Q' umgekehrt wird. Diese Differenz ist ein zweidimensionaler ganzzahliger Zyklus (dabei dürfen sich Q und Q' auch schneiden). Somit ist der Schnittindex des ganzzahligen Zyklus x mit diesem zweidimensionalen Zyklus gleich 0, d. h., es gilt $J(x, Q) = J(x, Q')$. Aus Gleichung (20) folgt, daß die ursprünglich mittels Normalprojektion definierte Verschlingungszahl nicht von der Lage der Projektionsebene abhängt. Aus Gleichung (20) folgen noch weitere interessante Eigenschaften.

Aufgaben

140. In eine Kreislinie y sei eine Membran eingespannt, die sich in allgemeiner Lage zu einer Kreislinie x befinde. Dabei habe die Membran mit x genau einen Punkt gemeinsam. Man zeige: Jede in x eingespannte Membran hat mit y mindestens einen Punkt gemeinsam.

141. Es seien x und y orientierte Kreislinien im Raum. Aus Gleichung (20) folgt $\mathfrak{w}(x, y) = 0$, falls sich eine orientierbare Membran so in y einspannen läßt, daß sie x nicht schneidet (Abb. 129). Man zeige die Umkehrung.

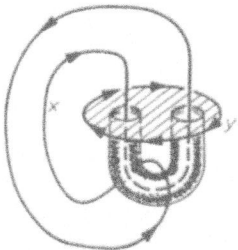

Abb. 129

142. Man zeige: Ist $\mathfrak{w}(x, y)$ eine gerade Zahl, so existiert eine (nicht notwendig orientierbare) Membran, die in y eingespannt ist und mit x keine gemeinsamen Punkte hat.

143. Man überzeuge sich davon, daß die Verschlingungszahlen je zweier Kreislinien aus Abb. 117 gleich 0 sind. Man konstruiere eine zum Henkel homöomorphe Membran, die in eine dieser Kreislinien eingespannt ist und die beiden anderen nicht schneidet.

3. Homotopie und Homologie

3.1. Perioden mehrdeutiger Funktionen

Es sei h ein Weg in einer Figur X, der von einem Anfangspunkt x_0 zu einem Endpunkt x_1 führt. Mit anderen Worten, $h:[0, 1] \to X$ sei eine stetige Abbildung, die den Bedingungen $h(0) = x_0$ und $h(1) = x_1$ genügt. Wir werden diesen Weg in der Figur X stetig deformieren, wobei seine Endpunkte x_0 und x_1 fest bleiben. In Abb. 130 ist die Lage der deformierten Wege durch dünnere Linien dargestellt. Wir werden immer nur solche Deformationen des Weges betrachten, bei denen die Endpunkte nicht verschoben werden.

Zwei Wege h_1 und h_2 in einer Figur X, die beide dieselben Endpunkte haben, nennt man *homotop* in dieser Figur, wenn h_1 durch eine Deformation (innerhalb der Figur X) in h_2 übergeführt werden kann. Man schreibt hierfür $h_1 \sim h_2$.

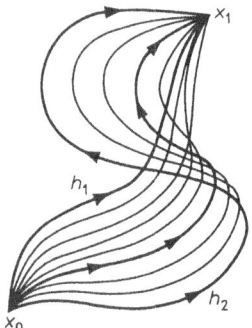

Abb. 130

Beispiel 38. Auf der Kreisfläche sind zwei Wege mit den gleichen Endpunkten stets zueinander homotop. Anschaulich kann man sich das dadurch erklären, daß man sich den Weg als Gummifaden vorstellt, der im Inneren der Kreisfläche verläuft. Nehmen wir an, daß der Gummifaden an den Punkten x_0 und x_1 befestigt ist, und lassen wir ihn sich frei bewegen, so beginnt er sich

zu deformieren und nimmt schließlich die Form einer Strecke mit den Endpunkten x_0 und x_1 an. Auf diese Weise wird ein beliebiger Weg in der
Kreisfläche homotop zu der Strecke, die seine beiden Endpunkte miteinander
verbindet. Somit sind zwei beliebige Wege, die x_0 und x_1 miteinander verbinden, homotop.

Beispiel 39. Es sei X ein Kreisring, der durch zwei Kreislinien mit gemeinsa-
mem Mittelpunkt o begrenzt wird. Wir wählen einen Punkt x_0 aus X, und
für jeden Punkt $x \in X$ bezeichnen wir mit $\varphi(x)$ die Größe des Winkels $\sphericalangle x_0 o x$
(Abb. 131). Die Funktion $\varphi(x)$ ist mehrdeutig (sie ist bis auf einen Summanden

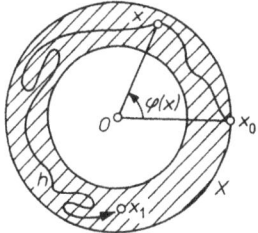

Abb. 131

der Form $2k\pi$ genau definiert, wobei k eine ganze Zahl ist). Wir nehmen an,
daß im Punkt $x = x_0$ ein beliebiger solcher Wert φ_0 dieser Funktion gewählt wurde. Bei einer Verschiebung des Punktes x im Ring X ändert
sich der Winkel $\varphi(x)$ stetig. Deshalb entspricht jedem Weg h, der im
Ring X vom Punkt x_0 zu einem Punkt x_1 führt, ein eindeutig definierter Wert
φ_1 der mehrdeutigen Funktion $\varphi(x)$, zu welchem wir gelangen, indem wir im
Punkt x_0 den Wert φ_0 wählen und die Werte dann entsprechend der
Funktion $\varphi(x)$ so wählen, daß sich eine stetige Veränderung längs des Weges h
von x_0 nach x_1 ergibt. Hierbei entspricht homotopen Wegen, die im Ring X
vom Punkt x_0 zum Punkt x_1 führen, ein und derselbe Wert der Funktion im
Punkt x_1. Den Wert der Funktion, den wir erhalten, wenn wir uns längs
des Weges h bewegen, wird bei einer stetigen Deformation des Weges h
ebenfalls stetig verändert. Folglich muß dieser Wert konstant bleiben, denn
bei einer stetigen Veränderung kann er nicht von einem möglichen Wert
der Funktion $\varphi(x)$ zu einem anderen (der sich von ihm um $2\pi k$ unterscheidet) springen.

Beispiel 40. Wenn in Beispiel 37 (Seite 102) ein Punkt x_0 des Nullpotentials fixiert wird, dann wird im äußeren Gebiet des Leiters P eine
mehrdeutige Funktion $W(x)$ (das magnetische Potential) definiert. Bewegen
wir uns von einem Punkt x_0 zu einem Punkt x_1 auf einem bestimmten Weg h,

so erhalten wir einen eindeutig definierten Wert des magnetischen Potentials im Punkt x_1. Zueinander homotope Wege, die von x_0 zu x_1 führen, liefern im Punkt x_1 ein und denselben Wert des magnetischen Potentials, aber nichthomotope Wege können zu völlig verschiedenen Werten der Funktion $W(x)$ im Punkt x_1 führen.

Aufgaben

144. Man definiere auf der Menge X aus Abb. 132 eine mehrdeutige Funktion, die im Punkt x_0 eine unendliche Menge von Werten annimmt, unter denen sich die Werte 0, 1 und $\sqrt{5}$ befinden.

Abb. 132

145. Man definiere auf der Menge X (aus Abb. 132) eine mehrdeutige Funktion mit folgender Eigenschaft: Es gibt zwei nichthomotope Wege von x_0 nach x_1, die in x_1 ein und denselben Funktionswert liefern.

Beispiel 41. Auf der Figur X (aus Abb. 133) betrachten wir die Funktion $f(x) = \varphi_1(x) + \sqrt{2}\,\varphi_2(x) - \sqrt{3}\,\varphi_3(x)$, wobei $\varphi_1(x)$, $\varphi_2(x)$ und $\varphi_3(x)$ die Größen der Winkel $\sphericalangle a_1 o_1 x$, $\sphericalangle a_2 o_2 x$ bzw. $\sphericalangle a_3 o_3 x$ seien. Die Funktion $f(x)$ ist mehrdeutig. Beginnen wir eine Bewegung im Punkt x_0 längs des Weges h_1 (siehe Abb. 133), so gelangen wir (bei der Rückkehr zum Punkt x_0) zu einem Wert $\varphi_1(x_0)$, der sich vom Ausgangswert der Funktion φ_1 für x_0

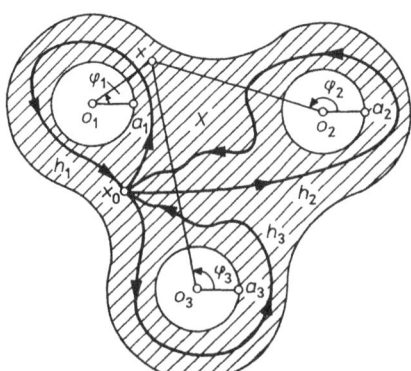

Abb. 133

um 2π unterscheidet. Hierbei ändern sich die Werte der Funktionen φ_2 und φ_3 im Punkt x_0 nicht. Somit ändert sich der Wert der Funktion $f(x)$ im Punkt x_0 um 2π. Analog ändert sich der Wert der Funktion bei einem Umlauf auf dem Weg h_2 im Punkt x_0 um $2\pi\sqrt{2}$ und bei einem Umlauf auf dem Weg h_3 um den Wert $-2\pi\sqrt{3}$. Die Werte 2π, $2\pi\sqrt{2}$ und $-2\pi\sqrt{3}$ kann man *Perioden* der Funktion $f(x)$ auf der Menge X nennen, die den Wegen h_1, h_2 bzw. h_3 entsprechen.

Es seien h_1 und h_2 zwei Wege, die beide in einem Punkt x_0 beginnen und enden. Als *Produkt* $h_1 h_2$ dieser Wege bezeichnen wir den Weg, den man erhält, indem man zunächst h_1 und anschließend h_2 durchläuft. Es ist klar, daß ein Umlauf auf dem Weg $h_1 h_2$ den Wert der Funktion $f(x)$ um $2\pi + 2\pi\sqrt{2}$ ändert. Analog ändert sich der Wert der Funktion $f(x)$ bei einem Umlauf auf dem Weg $h_3 h_1$ um den Wert $-2\pi\sqrt{3} + 2\pi$. Allgemein kann man sagen, daß sich bei der Multiplikation zweier Wege (die in ein und demselben Punkt x_0 beginnen und auch enden) die diesen Weg entsprechenden Perioden der Funktion $f(x)$ addieren.

Für zueinander homotope Wege liefert die Funktion $f(x)$ gleiche Werte. Deshalb lassen sich homotope Wege hierdurch nicht unterscheiden. Mit anderen Worten genügt es, *Klassen von Wegen* zu betrachten, wobei in einer Klasse alle zueinander homotope Wege vereinigt werden. Die Klasse aller Wege, die zu einem Weg h isotop sind, wird mit $[h]$ bezeichnet. Wir schreiben $\pi(X)$ für die Menge aller dieser Klassen. Diese Klassen können miteinander multipliziert werden. Dazu wähle man einen Weg h aus der ersten Klasse und einen Weg k aus der zweiten und multipliziere beide. Die Klasse, die das Produkt hk beider Wege enthält, nennt man das *Produkt* beider Klassen, $[h] \cdot [k] = [hk]$.

Die Idee zur Einführung von Klassen von Wegen ist klar. Jeder Klasse entspricht eine gewisse Periode der mehrwertigen Funktion $f(x)$, und bei der Multiplikation zweier Klassen addieren sich die entsprechenden Perioden.

3.2. Die Fundamentalgruppe

Man kann für beliebige Figuren X Klassen homotoper Wege und deren Produkte untersuchen. Wir beschränken uns hierbei auf solche Wege in X, die in einem fixierten Punkt $x_0 \in X$ beginnen und enden. Je zwei beliebige solcher Wege können miteinander multipliziert werden. Alle zueinander homotopen Wege werden in einer Klasse vereinigt. Ist a eine solche Klasse und ist h ein Element dieser Klasse, so werden wir sagen, daß h

ein *Repräsentant* dieser Klasse a ist. Dafür schreibt man auch $a = [h]$. Die Menge aller Klassen bezeichnen wir mit $\pi(X)$. Die *Multiplikation* zweier Klassen wird so erklärt, wie es im vorangehenden Abschnitt beschrieben wurde (siehe Abb. 133): Sind a und b zwei Klassen von Wegen (die in ein und demselben Punkt x_0 beginnen und enden) und sind h und k zwei beliebige Vertreter dieser Klassen, d. h. $a = [h]$ und $b = [k]$, dann wird als Produkt beider Klassen a und b diejenige Klasse erklärt, die als Repräsentant den Weg hk hat, d. h. $ab = [hk]$. Das auf diese Weise definierte Produkt zweier Klassen hängt nicht von den Repräsentanten ab. Es erweist sich, daß *die Menge* $\pi(X)$ mit der eingeführten Operation der Multiplikation eine Gruppe[1]) ist.

Wir zeigen kurz, wie man das beweisen kann. Es sei h ein beliebiger zu einer Klasse a gehöriger Weg, und q sei ein Weg, der auf einen Punkt kontrahierbar ist, dann gilt $qh \sim h$ (Abb. 134) und $hq \sim h$. Mit 1 werde die Klasse aller derjenigen Wege bezeichnet, die auf einen Punkt kontrahierbar sind. Diese Wege werden auch *nullhomotop* genannt. Somit gelten die Gleichungen $1a = a$ und $a1 = a$ für beliebige Klassen $a \in \pi(X)$, d. h., die Klasse 1 ist Einselement unter der in $\pi(X)$ eingeführten Multiplikation.

Weiterhin sei h ein Repräsentant einer beliebigen Klasse a. Es sei h^{-1} der Weg, den man erhält, wenn man h in umgekehrter Richtung durchläuft (Abb. 135). Jeder der Wege hh^{-1} und $h^{-1}h$ ist zu einem Punkt kontrahierbar. In Abb. 136 ist gezeigt, wie man den Weg hh^{-1} zu einem Punkt kontrahieren kann. Bezeichnet man die Klasse, die den Weg h^{-1} enthält, mit a^{-1}, so erhält man die Gleichungen $aa^{-1} = 1$ und $a^{-1}a = 1$, d. h., für jedes Element aus $\pi(X)$ existiert ein Inverses.

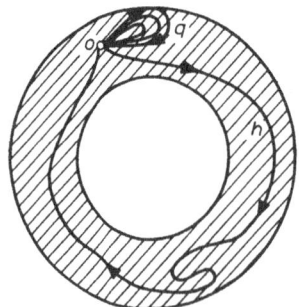

Abb. 134

---

[1]) Zum Gruppenbegriff siehe: P. S. ALEXANDROFF, Einführung in die Gruppentheorie, VEB Deutscher Verlag der Wissenschaften, 9. Aufl., Berlin 1975.

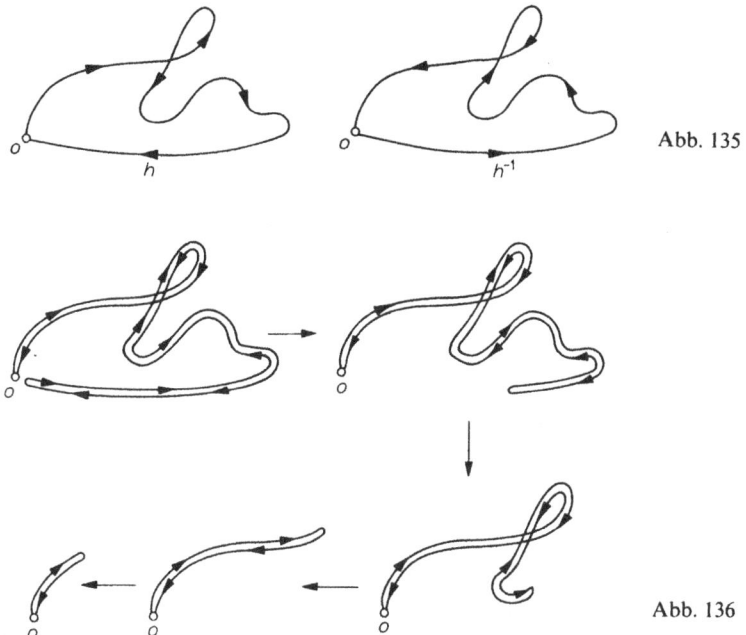

Abb. 135

Abb. 136

Es ist nicht schwer zu zeigen, daß die Multiplikation in der Menge $\pi(X)$ auch assoziativ ist. Deshalb ist die Menge $\pi(X)$ eine *Gruppe*. Sie heißt *Fundamentalgruppe der Figur X* (konstruiert im Punkt x_0).

Können zwei beliebige Punkte x_0 und x_0' durch einen Weg in der Figur X verbunden werden, so sind die zu diesen Punkten konstruierten Fundamentalgruppen isomorph (siehe Aufgabe 148). In diesem Fall (und wir ¦ werden nur solche Fälle betrachten) kann man einfach von der Fundamentalgruppe der Figur X sprechen, ohne den Punkt, zu dem sie konstruiert wurde, anzugeben. *Die Fundamentalgruppe ist eine topologische Invariante*, d. h., zwei homöomorphe Figuren X und Y besitzen isomorphe Fundamentalgruppen $\pi(X)$ und $\pi(Y)$. Die Fundamentalgruppen gehen auf POINCARÉ zurück.

Aufgaben

146. Ist die Gruppe $\pi(X)$ trivial (d. h., besteht sie nur aus dem Einselement), so nennt man die Figur X *einfach zusammenhängend*. Mit anderen Worten, kann jeder beliebige geschlossene Weg in X zu einem Punkt kontrahiert werden, so ist die Figur X einfach zusammenhängend. Man zeige, daß eine beliebige konvexe Figur (beispielsweise eine Gerade, eine

Ebene, eine Strecke, eine Kreisfläche, eine Kugel, ein konvexes Vieleck und ein konvexes Polyeder) einfach zusammenhängend ist.

147. Man zeige, daß die Sphäre einfach zusammenhängend ist.

Hinweis: Ein beliebiger Weg (auch ein die ganze Sphäre ausfüllender, zur Peanokurve ähnlicher Weg) kann zu einem „glatten" nicht die ganze Sphäre bedeckenden Weg deformiert werden.

148. Es sei w ein Weg, der zwei Punkte x_0 und x_0' der Figur X miteinander verbindet. Jedem geschlossenen Weg h mit Anfangspunkt x_0 ordne man einen Weg $h^* = w^{-1}hw$ mit dem Anfangspunkt x_0' zu (Abb. 137). Man zeige, daß hierdurch ein Isomorphismus zwischen der für den Punkt x_0 konstruierten Fundamentalgruppe der Figur X und der für den Punkt x_0' konstruierten Gruppe definiert ist.

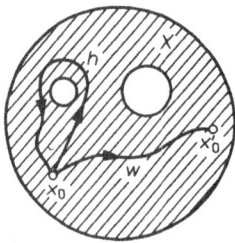

Abb. 137

Beispiel 42. Wir zeigen, daß *die Fundamentalgruppe der Kreislinie die freie zyklische Gruppe ist*, d. h., sie ist isomorph zur additiven Gruppe der ganzen Zahlen. Hierzu bezeichnen wir einen Weg, der die Kreislinie B in positiver Richtung gleichmäßig (ohne Richtungsänderung) durchläuft, mit a und den entgegengesetzt orientierten Weg mit a^{-1}. Dann bezeichnet a^n denjenigen Weg, der den Kreis n-mal umläuft: in positiver Richtung, wenn $n > 0$, und in negativer Richtung, wenn $n < 0$ ist (der Weg a^0 bleibt hierbei ein Punkt und stimmt mit dem Anfangspunkt x_0 überein).

Einem beliebigen Weg kann man hierbei ein Kurvenbild zuordnen, bei dem die Lage des Punktes, der auf dem Weg entlangläuft, durch einen Parameter t (beispielsweise die Zeit) aus dem Einheitsintervall $0 \leqq t \leqq 1$ bestimmt wird. Andererseits entspricht der Lage des Punktes ihre Winkelkoordinate π auf der Kreislinie B (gerechnet vom Anfangspunkt x_0). Ordnet man der Abszissenachse t zu und der Ordinatenachse den Winkel φ, so erhält man die graphische Abhängigkeit $\varphi(t)$ (wobei $\varphi(0) = 0$ ist).

Umläuft ein sich gleichmäßig bewegender Punkt den Kreis n-mal, so erhalten wir den Weg a^n; sein Kurvenbild ist eine Strecke, die die Punkte $(0, 0)$ und $(1, 2n\pi)$ verbindet. Aber der Punkt kann sich auf der Kreislinie auch mit mehrfacher Richtungsänderung bewegen. In Abb. 138a ist das Kurvenbild eines Weges gezeigt, der schematisch in Abb. 138b dargestellt ist.

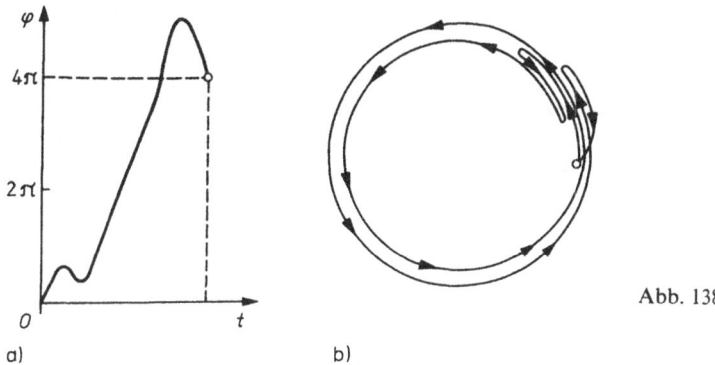

a)   b)

Abb. 138

Das Kurvenbild jedes geschlossenen Weges auf der Kreislinie verbindet stets die Punkte (0, 0) und (1, $2n\pi$) miteinander. Hierbei ist n eine ganze Zahl. Unabhängig vom Verlauf des Weges kehren wir immer wieder zum Punkt x_0 zurück, und somit ist die Winkelkoordinate stets ein ganzzahliges Vielfaches von 2π. Die Zahl n wird auch *Umlaufzahl* genannt. *Ein beliebiger Weg mit der Umlaufzahl n ist homotop zum Weg a^n.* Jeden Punkt des Kurvenbildes des Weges f kann man parallel zur Ordinatenachse bis zum Kurvenbild des Weges a^n verschieben. Führen wir eine solche Verschiebung gleichzeitig für alle Punkte durch (Abb. 139), so geht hierbei das Kurvenbild des Weges f in eine Strecke über, das Kurvenbild des Weges a^n. Mit der Deformation des Kurvenbildes erhält man eine Deformation des Weges selbst. Hieraus folgt die Homotopie der Wege f und a^n. Dies bedeutet, daß alle Wege mit gleicher Umlaufzahl n homotop zum

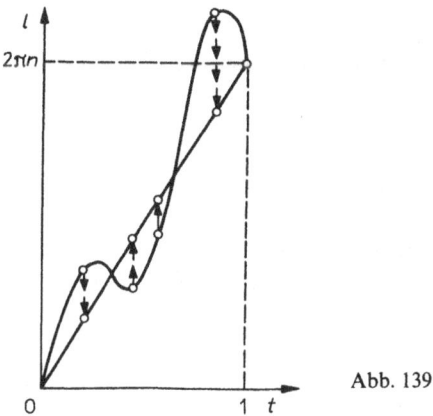

Abb. 139

Weg a^n sind, d. h. zu ein und derselben Klasse von Wegen gehören. Wege mit verschiedenen Umlaufzahlen sind nicht homotop.

Somit gibt es zwischen den Elementen der Fundamentalgruppe der Kreislinie B und den ganzen Zahlen eine eineindeutige Zuordnung. Bei der Multiplikation zweier Wege addieren sich ihre Umlaufzahlen, d. h., die Gruppe $\pi(B)$ ist isomorph zur additiven Gruppe der ganzen Zahlen.

Aufgaben

149. Man zeige, daß die Fundamentalgruppe des Kreisringes die freie zyklische Gruppe ist.

150. Es sei X die Ebene, aus der ein Punkt herausgestochen (entfernt) wurde. Man zeige, daß $\pi(X)$ die freie zyklische Gruppe ist.

151. Man zeige, daß das Innengebiet einer einfachen geschlossenen Kurve *l* einfach zusammenhängend ist. Besteht der Rand eines Gebietes G aus mehr als einer geschlossenen Kurve (siehe Abb. 132), so ist G nicht einfach zusammenhängend.

3.3.   Zellenzerlegungen und Polyeder

Wir betrachteten oft eine Fläche Q, auf der ein Graph G gezeichnet war, der sie in Teile zerlegte, die homöomorph zur Kreisfläche waren. Dies waren Beispiele für *Zellenzerlegungen.* Eine Fläche kann dargestellt werden als eine Vereinigung sich paarweise nicht schneidender *Zellen: nulldimensionaler, eindimensionaler* und *zweidimensionaler.* Die nulldimensionalen Zellen sind Punkte — die Knotenpunkte des Graphen. Die eindimensionalen Zellen sind die Kanten des Graphen (ohne die Endpunkte). Jede eindimensionale Zelle ist homöomorph zu einer offenen Strecke (ohne Endpunkte). Die zweidimensionalen Zellen sind diejenigen Stücke der Fläche, in die sie zerfällt, wenn man sie an den Kanten des Graphen G zerschneidet. Jede zweidimensionale Zelle ist homöomorph zur offenen Kreisfläche.

Man kann auch Zellenzerlegungen betrachten, bei denen sich an einer Kante (an einer eindimensionalen Zelle) drei, vier oder mehr zweidimensionale Zellen treffen und nicht nur zwei oder eine, wie das für Flächen mit Rand der Fall war. An gewissen Kanten können sich auch überhaupt keine zweidimensionalen Zellen treffen (Abb. 140). Besteht eine Zellenzerlegung nur aus null- und eindimensionalen Zellen, so ist sie ein Graph. In der Topologie betrachtet man Zellenzerlegungen beliebiger Dimension. Beispielsweise besteht eine dreidimensionale Zellenzerlegung aus Zellen der Dimensionen 0, 1, 2 und 3. Entfernt man hierbei alle Zellen, die die Dimension 0, 1 oder 2 haben, so zerfällt diese Zellenzerlegung in dreidimensionale Zellen, die alle homöomorph zur offenen Kugel sind. Eine Figur, die eine Zellenzerlegung besitzt, nennt man *Polyeder*. Die in den Beispielen 16 (Seite 39), 18 (Seite 42) und 31 (Seite 92) betrachteten Figuren sind keine Polyeder.

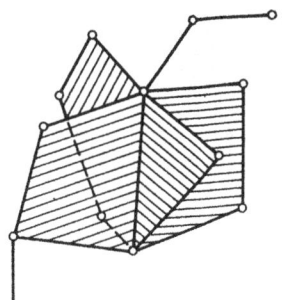

Abb. 140

Beispiel 43. Die Sphäre P_0 kann man als Zellenzerlegung darstellen, die aus einer nulldimensionalen und einer zweidimensionalen Zelle besteht. Sticht man aus der Sphäre einen Punkt heraus, so bleibt ein Teil τ übrig, der zur offenen Kreisfläche homöomorph ist. Eindimensionale Zellen enthält diese Zellenzerlegung nicht.

Beispiel 44. In Abb. 141 ist eine Zellenzerlegung dargestellt, die aus einer Kreisfläche und ihrem Rand besteht, der in zwei Halbkreislinien r_1 und r_2 zerlegt ist. Verklebt man diametral gegenüberliegende Punkte der Kreislinie, so verwandelt sich der Kreis in die projektive Ebene, wobei beide Kanten r_1 und r_2 zu einer Kante r verklebt werden. Auf diese Weise erhalten wir eine Zellenzerlegung der projektiven Ebene, die einen Knotenpunkt, eine Kante r und eine zweidimensionale Zelle τ enthält.

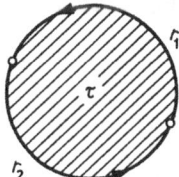

Abb. 141

Beispiel 45. Wir zeichnen auf dem Torus einen Parallelkreis a und einen Meridian b, die sich im Punkt o schneiden (siehe Abb. 57d auf Seite 55). Auf diese Weise erhalten wir eine Zellenzerlegung des Torus, die aus einem Knotenpunkt o, zwei Kanten a, b und einer zweidimensionalen Zelle τ besteht. Tatsächlich zerlegt ein Schnitt längs des Meridians und längs des

Parallelkreises den Torus in ein Quadrat (siehe Aufgabe 65 auf Seite 55), d. h. in ein Stück, welches homöomorph zur Kreisfläche ist.

Aufgaben

152. Man zeige, daß man den Henkel als Zellenzerlegung darstellen kann, die aus einem Knotenpunkt, drei Kanten und einer zweidimensionalen Zelle besteht (siehe Abb. 58 auf Seite 55).

153. Man zeige, daß man die Sphäre mit k Henkeln als Zellenzerlegung darstellen kann, die einen Knotenpunkt, $2k$ Kanten und eine zweidimensionale Zelle besitzt (siehe Abb. 59 auf Seite 55).

Wir wollen jetzt klären, was unter einem gerichteten Umlauf auf dem Rand einer Fläche (einer zweidimensionalen Zelle) zu verstehen ist. Ist die Fläche homöomorph zur Kreisfläche, so ist der Begriff gerichteter Umlauf vollkommen klar. In komplizierteren Fällen definiert man einen gerichteten Umlauf folgendermaßen. Schneidet man die Fläche längs aller Kanten ein (Abb. 142a), so zerfällt sie in ein Stück, daß homöomorph zur Kreisfläche ist (Abb. 142b). Nun können wir den Rand dieses Stückes in einer bestimmten Richtung umlaufen. Verklebt man das betrachtete Stück wieder zur Ausgangsfläche, so ergibt dieser Umlauf einen *Umlauf auf dem Rand der Fläche.* Man kann auch anders verfahren, wobei man „sehr nahe" innen am Rand der Zelle entlangläuft, ohne ihn zu überkreuzen (Abb. 142c).

Wir betrachten jetzt eine bestimmte Fläche der Zellenzerlegung; alle Kanten, an die sie grenzt, seien orientiert (d. h., auf jeder Kante ist willkürlich eine Richtung festgelegt) und mit Buchstaben a, b, c, ... bezeichnet. Wir vollführen jetzt einen Umlauf auf dem Rand der Fläche und beschreiben gleichzeitig mit diesem ein bestimmtes *Monom.* Beginnen wir den Umlauf und bewegen wir uns zuerst über die Kante a, so schreiben wir a oder a^{-1}, je nachdem, ob wir uns entsprechend der Umlaufrichtung auf der Kante a in der für sie ausgezeichneten Richtung (in Pfeilrichtung) oder entgegengesetzt zu die-

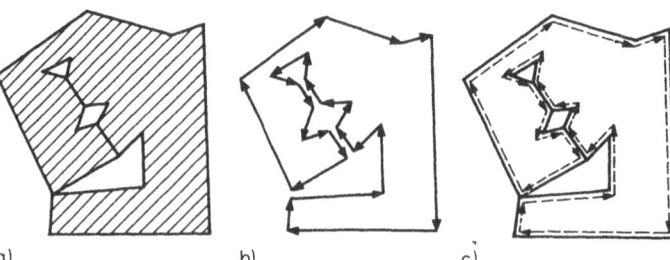

a)   b)   c)   Abb. 142

ser bewegen. Ist die folgende Kante, welche wir überqueren, sagen wir durch den Buchstaben d gekennzeichnet, so schreiben wir rechts neben das bereits geschriebene Monom den Buchstaben d oder d^{-1}, je nachdem, wie sich die Richtung der Kante zu der des Umlaufs verhält. Überqueren wir als nächstes die Kante m, so schreiben wir rechts neben das Monom m oder m^{-1} usw. Ist der ganze Umlauf beendet, so haben wir auf diese Weise ein Monom geschrieben. Es wird auch *Kantenweg* genannt.

In Abhängigkeit vom gerichteten Umlauf des Randes der Fläche und von der Anfangskante ergeben sich verschiedene Möglichkeiten für den Kantenweg. Jeder Fläche sei einer ihrer Kantenwege zugeordnet. Umlaufen wir beispielsweise die Ränder der Zellen τ_1, τ_2, τ_3 und τ_4 aus Abb. 143 entgegen der Pfeilrichtung, so erhalten wir die folgenden Kantenwege: $adbc$, $kh^{-1}g^{-1}fd^{-1}g$, hl, $l^{-1}k^{-1}$. Dabei tritt die Kante g im Kantenweg der Fläche τ_2 zweimal auf.

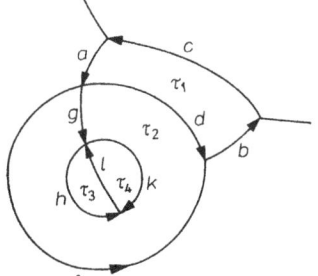

Abb. 143

Wir beschreiben jetzt (ohne Beweis) eine Methode zur Berechnung der Fundamentalgruppe eines zusammenhängenden Polyeders X. Hierzu wähle man eine seiner Zellenzerlegungen aus und bezeichne mit G den Graphen, der durch deren Knotenpunkte und Kanten gebildet wird. Im Graphen G wählen wir einen maximalen Baum und ordnen allen Kanten dieses Baumes die Ziffer 1 zu. Die übrigen Kanten (Dämme) des Graphen werden beliebig orientiert und durch verschiedene Buchstaben a, b, c, ... gekennzeichnet. Weiterhin wird für jede Fläche der betrachteten Zellenzerlegung ihr Kantenweg aufgeschrieben, wobei die mit der Ziffer 1 gekennzeichneten Kanten unberücksichtigt bleiben. Schließlich konstruieren wir die Gruppe mit den Erzeugenden a, b, c, ... (die den Dämmen entsprechen), deren definierende Relationen diejenigen Gleichungen sind, die man erhält, indem man die Kantenwege gleich dem Einselement setzt. *Die so erhaltene Gruppe ist isomorph zur Fundamentalgruppe des Polyeders X.*

Beispiel 46. Wir wählen die Zellenzerlegung der projektiven Ebene, die in Beispiel 44 betrachtet wurde. Hierbei besteht jeder maximale Baum aus einem Knoten. Deshalb ist die Kante r das erzeugende Element der Fundamentalgruppe. Ferner ist der Kantenweg der zweidimensionalen Zelle τ (siehe Abb. 141) gleich rr. Also wird die Fundamentalgruppe der projektiven Ebene definiert durch ein erzeugendes Element r, das die Relation $r^2 = 1$ erfüllt, d. h., sie ist die Gruppe der Ordnung 2.

Beispiel 47. Wir betrachten die Zellenzerlegung des Torus, die in Beispiel 45 beschrieben wurde. Der Kantenweg der zweidimensionalen Zelle τ ist gleich $aba^{-1}b^{-1}$ (man muß den Rand auf Abb. 57a entgegen dem Uhrzeigersinn umlaufen). Somit hat die Fundamentalgruppe des Torus zwei erzeugende Elemente, die durch die einzige Relation $aba^{-1}b^{-1} = 1$, d. h. $ab = ba$, miteinander verknüpft sind. Diese Gruppe ist somit die freie abelsche Gruppe mit zwei Erzeugenden.

Aufgaben

154. Mit Hilfe der Zellenzerlegung aus Aufgabe 152 zeige man, daß die Fundamentalgruppe des Henkels eine Gruppe mit drei Erzeugenden a, b und c ist und als einzige definierende Relation $ba = cab$ hat. Diese Gruppe ist nicht kommutativ, denn es gilt beispielsweise $ba \neq ab$.

155. Man benutze das Resultat aus Aufgabe 153 und zeige, daß die Gruppe $\pi(P_k)$ als Erzeugende die $2k$ Elemente $a_1, b_1, a_2, b_2, \dots, a_k, b_k$ hat und von der einzigen Relation $a_1b_1a_1^{-1}b_1^{-1}a_2b_2a_2^{-1}b_2^{-1} \dots a_kb_ka_k^{-1}b_k^{-1} = 1$ definiert wird. Für $k \geq 2$ ist diese Gruppe nicht abelsch (beispielsweise gilt $a_1b_1 \neq b_1a_1$).

156. Man zeige, daß die Gruppe $\pi(N_q)$ die q Elemente $c_1, c_2, \dots, c_q$ als Erzeugende besitzt, die durch die Relation $c_1^2c_2^2 \dots c_q^2 = 1$ miteinander verknüpft sind.

157. Man zeige, daß zwei geschlossene Flächen (ohne Rand) genau dann homöomorph sind, wenn ihre Fundamentalgruppen zueinander isomorph sind.

158. Ein Bukett B_k^1 von Kreislinien nennt man die Vereinigung von k einfach geschlossenen Kurven, die außer einem Punkt o, der allen gemeinsam ist, paarweise keine weiteren gemeinsamen Punkte besitzen (Abb. 144). Man zeige, daß $\pi(B_k^1)$ die freie Gruppe mit k Erzeugenden ist.

Abb. 144

159. Es sei X ein Gebiet der Ebene, welches einen äußeren und k innere Ränder besitzt (siehe Abb. 132). Man zeige, daß $\pi(X)$ die freie Gruppe mit k Erzeugenden ist.

3.4. Überlagerungen

Beispiel 48. Auf einer Kreislinie B mit dem Mittelpunkt (Zentrum) o fixieren wir einen Anfangspunkt x_0, und für jeden Punkt $x \in B$ bezeichnen wir mit $\varphi(x)$ die Größe des Zentrumswinkels $\not\prec x_0 o x$. Die Funktion $\varphi(x)$ ist bis auf ein Vielfaches von 2π genau definiert. Das Kurvenbild E dieser mehrdeutigen Funktion kann auf der Mantelfläche eines unendlichen Zylinders konstruiert werden; es hat die Form einer Schraubenlinie der Windungshöhe 2π (Abb. 145). Wir bezeichnen mit p die Projektion dieser Linie E auf den Randkreis B der Basis des Zylinders. Für einen beliebigen Punkt $x \in B$ wählen wir eine kleine Umgebung U dieses Punktes aus. Der Teil der Linie E, der auf U projiziert wird, besteht aus einzelnen Stücken ..., V_{-1}, V_0, V_1, ... (Abb. 146). Jedes dieser Stücke wird durch die Projektion p homöomorph auf die ganze Umgebung U abgebildet.

Diese Eigenschaft führt uns zum Begriff der *Überlagerung*. Es sei p eine stetige Abbildung einer Figur E auf B. Wie in Beispiel 48 besitze p die folgende Eigenschaft: Für jeden Punkt $x \in B$ kann man eine solche Umgebung U finden, daß das vollständige Urbild $p^{-1}(U)$ (d. h. die Menge aller Punkte der Figur E, die durch p in Punkte der Umgebung U abgebildet

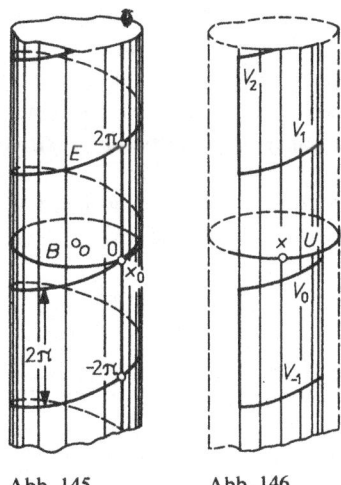

Abb. 145   Abb. 146

werden) in Teile zerfällt, von denen jeder durch p homöomorph auf U abgebildet wird. Unter diesen Bedingungen heißt E *Überlagerung* (oder *überlagernde Figur*) für B. Die Teile des vollständigen Urbildes $p^{-1}(U)$, die homöomorph auf U abgebildet werden, nennt man auch *Blätter* der Überlagerung. Nach der Anzahl der Blätter unterscheidet man zweiblättrige, dreiblättrige usw. Überlagerungen. Die soeben beschriebene Überlagerung der Kreislinie durch eine Schraubenlinie ist unendlichblättrig.

Beispiel 49. Jede einseitige Fläche hat als zweiblättrige Überlagerung eine bestimmte zweiseitige Fläche P. Hierzu betten wir die Fläche N unter Vermeidung von Knickstellen in den Raum ein (wobei wir Selbstdurchdringungen zulassen). Über jedem Punkt $x \in N$ werden zwei Strecken xx' und xx'' der Länge ε errichtet (die beide auf N senkrecht stehen, aber von x nach verschiedenen Seiten der Fläche N ausgehen), wobei ε eine kleine positive Zahl ist. Angenommen, die Fläche N ist zweiseitig. Dann beschreiben die Punkte x' und x'' zwei verschiedene Flächen, die „parallel" zu N verlaufen. Aber da die Fläche N einseitig ist, erhalten wir nur eine Fläche P. Denn bei einem Umlauf auf einem geeigneten geschlossenen Weg auf der einseitigen Fläche ändert die Normale xx' ihre Richtung, d. h., sie geht in xx'' über. Damit gehören die Punkte x' und x'' zu ein und demselben Stück der Fläche P. Anschaulich kann man diese Konstruktion so beschreiben: Wir stellen uns vor, daß die Fläche aus einem „dicken" Material gefertigt ist, und färben sie überall ein. Verbrennen wir jetzt die Fläche N und nehmen dabei an, daß die Farbe unbrennbar ist, so verbleibt eine dünne Schicht Farbe, die die Fläche P bildet und außerdem eine zweiblättrige Überlagerung von N ist. Hierbei ist die Fläche P *zweiseitig*, denn eine ihrer Seiten ist zur verbrannten Fläche N gerichtet und die andere Seite nach außen.

Beispielsweise stelle man sich ein Möbiusband vor, welches aus einem dicken brennbaren Material gefertigt ist und einen unbrennbaren Anstrich erhielt. Verbrennt man das Möbiusband, so erhält man ein Band, das homöomorph zur Mantelfläche eines Zylinders ist und eine zweiblättrige Überlagerung des Möbiusbandes darstellt. Dieses Band ist vierfach verdreht, wie man leicht am Modell bestätigt.

Aufgaben

160. Man zeige, daß für eine k-blättrige Überlagerung E eines Polyeders B die Gleichung $\chi(E) = k\chi(B)$ gilt.

161. Man zeige, daß eine zweiblättrige Überlagerung der Fläche N_q eine Sphäre mit $q - 1$ Henkeln ist.

Es sei E eine Überlagerung von B, und $p:E \to B$ sei die entsprechende Projektion. Weiterhin sei h ein Weg in der Figur B, der von einem Punkt x_0 ausgeht. Außerdem sei $\bar{x}_0 \in E$ ein Punkt, der „über" x_0 liegt und der Bedingung $p(\bar{x}_0) = x_0$ genügt. Dann existiert in E ein (eindeutig bestimmter) Weg $\bar{h}$, der im Punkt $\bar{x}_0$ beginnt und durch die Abbildung p in h übergeht. Dieser heißt *Überlagerungsweg*. Dazu möge U eine kleine Umgebung des Punktes x_0 sein, und es sei $\bar{U}$ dasjenige Blatt der Überlagerung, das den Punkt $\bar{x}_0$ enthält. Da $p:\bar{U} \to U$ ein Homöomorphismus ist, können wir in eindeutiger Weise das Stück des Weges h, welches sich in der Umgebung U befindet, auf das Blatt $\bar{U}$ anheben (Abb. 147). Ist x_1 der Endpunkt des Teils des Weges, der bereits angehoben wurde, so kann man eine entsprechende Umgebung U_1 des Punktes x_1 und ein entsprechendes Blatt der Überlagerung betrachten, das gestattet, den Überlagerungsweg $\bar{h}$ noch um ein Stückchen fortzusetzen usw.

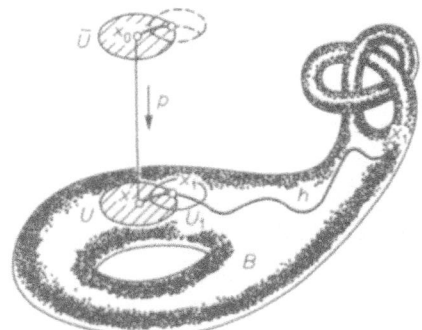

Abb. 147

Mit Hilfe der Überlagerungswege kann man einen Satz über den Zusammenhang zwischen den Überlagerungen und der Fundamentalgruppe formulieren. Wir geben ihn (ohne Beweis) in folgender vereinfachter Formulierung an: *Ist ein zusammenhängendes Polyeder E eine k-blättrige Überlagerung von B und ist die Ordnung seiner Fundamentalgruppe $\pi(E)$* (d. h. *die Anzahl ihrer Elemente) gleich n, so ist die Ordnung der Gruppe $\pi(B)$ gleich kn.*

Eine Überlagerung E von B nennt man *universell*, wenn sie einfach zusammenhängend ist. Aus dem obigen Satz folgt: Die Anzahl der Blätter einer universellen Überlagerung von B ist gleich der Ordnung der Gruppe $\pi(B)$; eine beliebige andere Überlagerung besitzt weniger Blätter.

Eine Überlagerung der projektiven Ebene durch die Sphäre (siehe Aufgabe 161) ist universell, da die Sphäre einfach zusammenhängend ist. Die Sphäre ist auch universelle Überlagerung von sich selbst. *Die Ebene ist für alle geschlossenen Flächen, außer der Sphäre und der projektiven Ebene, eine universelle Überlagerung.* Wir beweisen diese Tatsache. Zunächst besitzt jede einseitige Fläche N eine zweiblättrige Überlagerung durch eine zweiblättrige Fläche P, womit eine universelle Überlagerung von P auch eine universelle Überlagerung von N ist. Deshalb genügt es, zweiseitige Flächen zu betrachten, die sich von der Sphäre unterscheiden.

Zunächst teilen wir die Ebene durch zwei Systeme paralleler Geraden in kongruente Quadrate ein. Indem wir jedes Quadrat zu einem Torus verkleben, erhalten wir eine Abbildung der ganzen Ebene auf den Torus, wobei Punkte, die in allen Quadraten an der gleichen Stelle liegen (Abb. 148), auch ein und demselben Punkt auf dem Torus entsprechen (Abb. 149). Auf diese Weise erhalten wir eine universelle Überlagerung, weil die Ebene einfach zusammenhängend ist.

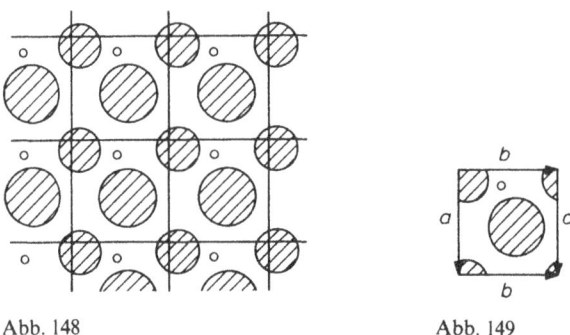

Abb. 148   Abb. 149

Die Quadrate nennen wir *Fundamentalgebiete.* Jedes Fundamentalgebiet ist ein zusammenhängendes Stück der Überlagerung (der Ebene) und läßt sich eineindeutig auf den Torus abbilden. Abbildung 150 zeigt, daß ein Fundamentalgebiet nicht eindeutig definiert ist.

Wir beschreiben jetzt eine Zerlegung in Fundamentalgebiete, aus denen sich andere zweiseitige Flächen zusammenkleben lassen, beispielsweise P_2. Eine solche Zerlegung läßt sich geeignet mit Hilfe der *Lobačevskijschen Geometrie* vornehmen. In dieser Geometrie ist die Summe der Winkel eines Vielecks kleiner als in der *Euklidischen Geometrie,* wobei sich die Summe der Winkel verkleinert, wenn sich das Maß des Vielecks vergrößert. Beispielsweise existiert ein regelmäßiges Achteck mit den Winkeln $\pi/4$. Werden solche Achtecke so aneinandergelegt, daß sich je zwei ihrer Seiten ganz berühren, so kann man mit ihnen die ganze Lobačevskijsche Ebene ausfüllen, wobei sich in den Ecken je acht Vielecke treffen. In Abb. 151 ist eine solche

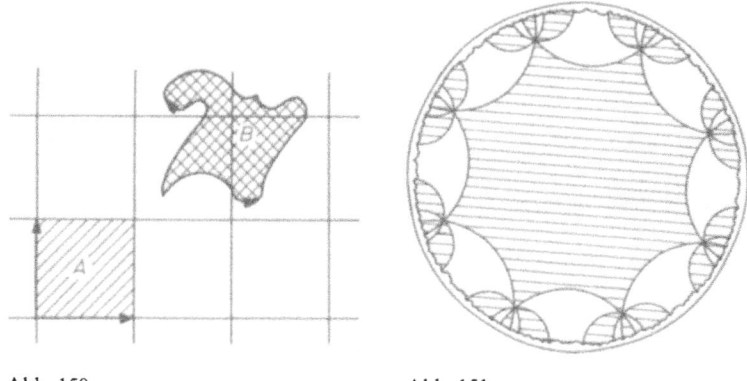

Abb. 150   Abb. 151

Zerlegung für das Modell der Lobačevskijschen Ebene im *Poincaréschen Kreis* angeben. Dies ist auch eine Zerlegung der Lobačevskijschen Ebene (sie ist homöomorph zum offenen Kreis und deshalb auch zur Euklidischen Ebene) in Fundamentalgebiete. Ein Verkleben der Seiten jedes Achtecks ergibt P_2 (siehe Abb. 59 auf Seite 55), und man erhält somit die Lobačevskijsche Ebene als Überlagerung von P_2. Analoge Zerlegungen der Lobačevskijschen Ebene kann man auch für jede Fläche P_k ($k \geq 2$) konstruieren.

Aufgaben

162. In Abb. 152 ist eine Ebene mit unendlich vielen Henkeln dargestellt. Man zeige, daß sie für beliebiges $k \geq 2$ als Überlagerung für die Fläche P_k dienen kann.

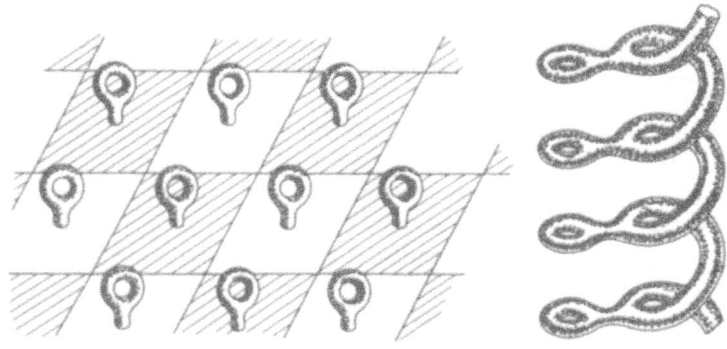

Abb. 152   Abb. 153

163. Man zeige, daß die in Abb. 153 dargestellte Fläche als Überlagerung für eine beliebige Fläche P_k ($k \geq 2$) dienen kann.

164. Man konstruiere eine universelle Überlagerung für eine Figur, die aus einer Sphäre und einer sie berührenden Kreislinie besteht.

3.5. Der Abbildungsgrad und der Fundamentalsatz der Algebra

In Abb. 154 ist eine stetige Abbildung f der Kreislinie P auf die Kreislinie Q dargestellt. Auf eine Umgebung des Punktes y werden zwei Teile der Kreislinie P abgebildet, wobei diese Abbildung unter Beibehaltung der Orientierung erfolgt, d. h. positiv. Man sagt, daß diese Abbildung im Punkt y den Grad 2 hat. Im Punkt x hat die Abbildung ebenfalls den Grad 2: Es werden zwar auf eine Umgebung des Punktes x vier Teile der Kreislinie P abgebildet, aber drei von ihnen werden positiv und einer negativ abgebildet. Bezeichnen wir mit p die Anzahl derjenigen Blätter, die positiv auf eine Umgebung irgendeines Punktes $z \in Q$ abgebildet werden, und mit n die Anzahl derjenigen Blätter, die negativ abgebildet werden, so wird die Zahl $p - n$ der *Abbildungsgrad* von f im Punkt z genannt. In allen Punkten der Kreislinie Q ist der Abbildungsgrad von f konstant (und gleich 2); im Punkt x ist beispielsweise $p - n = 3 - 1 = 2$.

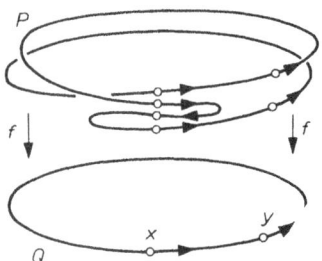

Abb. 154

Vom Abbildungsgrad kann man auch für Abbildungen von Flächen sprechen. Es seien P und Q zwei geschlossene, orientierbare Flächen, wobei auf beiden eine Orientierung ausgezeichnet ist. Weiterhin sei $f: P \to Q$ eine stetige Abbildung. Wir werden uns vorstellen, daß die Fläche P auf die Fläche Q aufgelegt wird, wobei nicht ausgeschlossen ist, daß sie verschiedene übereinanderliegende Blätter bildet und Falten hat. Werden auf eine Umgebung des Punktes $z \in Q$ verschiedene Blätter der Fläche P abgebildet, so können einige dieser Blätter positiv abgebildet werden (unter Erhaltung der Orientierung, Abb. 155a) und einige negativ (Abb. 155b). Wenn alle Blätter der

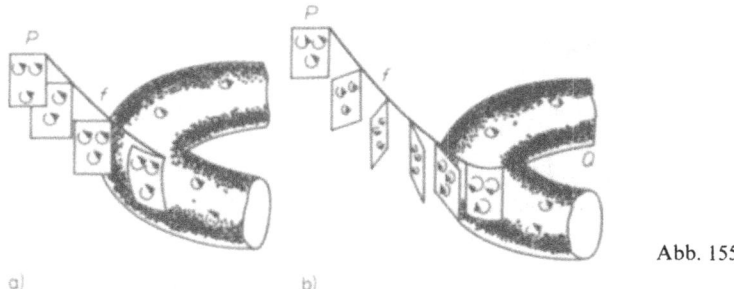

Abb. 155

a)   b)

Fläche P homöomorph auf eine Umgebung des Punktes z abgebildet werden, wobei die Anzahl der Blätter, auf denen die Abbildung f positiv ist, gleich p ist, und die Anzahl der Blätter, auf denen sie negativ ist, gleich n ist, so wird die Zahl $p - n$ der *Abbildungsgrad* von f im Punkt z genannt.

Es ist nicht schwer einzusehen, daß der Abbildungsgrad von f in der Nähe eines beliebigen Punktes der Fläche Q konstant ist. Denn bei der Verschiebung des Punktes z ändern sich die Zahlen p und n nur, wenn man durch den Rand einer Falte geht, aber die Differenz $p - n$ bleibt unverändert (Abb. 156). Wir sehen auch, daß für den Fall der stetigen Deformation der Abbildung f ihr Grad unverändert bleibt; das kann man sich damit erklären, daß die Bildung (oder Glättung) von Falten den Abbildungsgrad nicht ändert.

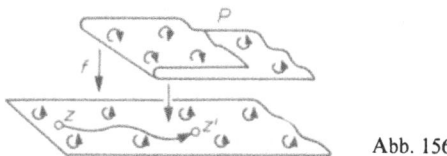

Abb. 156

Mit Hilfe des Abbildungsgrades kann man einen eleganten Beweis für den *Fundamentalsatz der Algebra* führen: *Jedes beliebige Polynom*

$$f(z) = z^m + a_1 z^{m-1} + \cdots + a_{m-1} z + a_m$$

vom Grad $m \geqq 1$ mit komplexen (oder speziell auch reellen) Koeffizienten $a_1, \ldots, a_m$ hat wenigstens eine Nullstelle.

Wir betrachten eine Sphäre, die die Ebene im Koordinatenursprung berührt, und nennen den Berührungspunkt *Südpol* und den entgegengesetzt gelegenen Punkt n *Nordpol* der Sphäre (Abb. 157). Eine komplexe Zahl

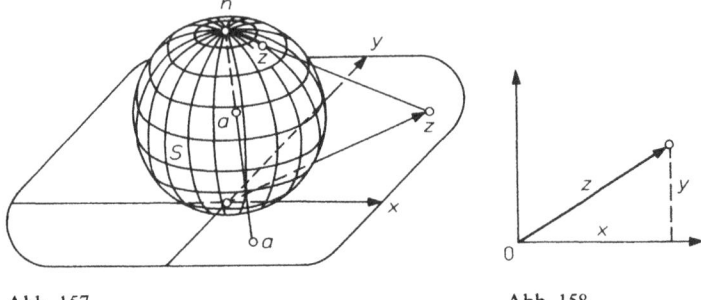

Abb. 157   Abb. 158

$z = x + \mathrm{i}x$ stellen wir in der Ebene dar, indem wir x und y als ihre Koordinaten auffassen (Abb. 158). Der Strahl nz durchdringt die Sphäre in einem Punkt, den wir als *Darstellung* der komplexen Zahl z auf der Sphäre S auffassen. Wählen wir umgekehrt auf der Sphäre einen Punkt a, so ist leicht zu sehen, welche komplexe Zahl auf ihn abgebildet wird: die Gerade na liefert bei ihrem Durchgang durch die Ebene die gesuchte komplexe Zahl. Der Nordpol n stellt jedoch keine komplexe Zahl dar. Wir vereinbaren, daß der Punkt n die „unendliche" komplexe Zahl darstellt, die wir mit dem Symbol ∞ bezeichnen. Das wird durch folgenden Sachverhalt motiviert: Entfernt sich der Punkt z in der Ebene in einer beliebigen Richtung unbeschränkt vom Koordinatenursprung, dann strebt der ihm auf der Sphäre entsprechende Punkt gegen n. Die Sphäre S heißt *komplexe* oder *Riemannsche Sphäre (Zahlenkugel)*. Somit kann man (im Gegensatz zur projektiven Ebene; vgl. Abb. 83) die Sphäre S aus der Ebene erhalten, indem man zu ihr einen unendlich fernen Punkt ∞ hinzunimmt.

Wir werden die Werte z auf einer komplexen Sphäre S_1 darstellen und die Werte des Polynoms $f(z)$ auf einer anderen Sphäre S_2. Jedem endlichen Punkt $z = x + \mathrm{i}y$ der Sphäre S_1 entspricht ein endlicher Punkt $f(z)$ der Sphäre S_2. Läuft hierbei z gegen ∞, so nähert sich auch $f(z)$ dem Punkt ∞ auf der Sphäre S_2, denn wir haben

$$f(z) = z^m \left(1 + \frac{a_1}{z} + \frac{a_2}{z^2} + \cdots + \frac{a_{m-1}}{z^{m-1}} + \frac{a_m}{z^m} \right).$$

Für $z \to \infty$ (d. h. bei unbeschränktem Wachsen der Zahl $|z|$) nähert sich der Ausdruck in den Klammern der 1, und der Faktor z^m wächst unbeschränkt. Setzen wir somit die Definition des Polynoms durch die Vereinbarung $f(\infty) = \infty$ fort, so erhalten wir eine stetige Abbildung f der ganzen Sphäre S_1 auf die Sphäre S_2.

Um den Fundamentalsatz der Algebra zu beweisen, muß man zeigen, daß sich ein Punkt $z \in S_1$ mit $f(z) = 0$ finden läßt, d. h., daß der Punkt o der Sphäre S_2 das Bild wenigstens eines Punktes $z \in S_1$ ist. Angenommen, das ist nicht der Fall, d. h., der Punkt o der Sphäre S_2 wird nicht vom Bild $f(S_1)$ der Sphäre S_1 überdeckt, dann ist der Abbildungsgrad der Abbildung $f: S_1 \to S_2$ in der Nähe des Punktes $o \in S_2$ gleich 0, und da der Abbildungsgrad in der Nähe eines jeden Punktes konstant ist, ist dann auch der Abbildungsgrad von f gleich 0. Daher genügt es, für den Beweis des Hauptsatzes der Algebra zu zeigen, daß der Abbildungsgrad von f von 0 verschieden ist. Wir zeigen, daß er gleich m ist, d. h., daß er mit dem Grad des Polynoms $f(z)$ übereinstimmt (das war auch der Grund dafür, den Begriff „Abbildungsgrad" einzuführen).

Wir ändern die Werte der Koeffizienten, indem wir sie gegen 0 streben lassen; das Polynom ändert sich dabei, und die Abbildung $f: S_1 \to S_2$ wird stetig deformiert. Als Ergebnis erhalten wir das Polynom $f_1(z) = z^m$. Da sich aber der Abbildungsgrad bei Deformationen nicht ändert, haben f und f_1 den gleichen Grad. Der Abbildungsgrad von f_1 kann leicht berechnet werden. Wir zerlegen die Ebene durch Strahlen, die vom Punkt o ausgehen, in m kongruente Winkel (Abb. 159). Wird eine Zahl z in die m-te Potenz erhoben, so wird ihr Argument m-fach vergrößert, d. h., jeder der Winkel wird durch f_1 auf die ganze Sphäre S_2 abgebildet („auseinandergezogen"). Somit ist das Bild der Sphäre S_1 bei der Abbildung f_1 eine m-fache Überdeckung der Sphäre S_2 (und zwar positiv). Hieraus folgt nun, daß der Abbildungsgrad von f_1 (und somit auch von f) gleich m ist. Damit ist der Hauptsatz bewiesen.

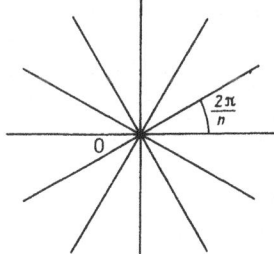

Abb. 159

Gegenwärtig sind viele verschiedene Beweise für den Hauptsatz der Algebra bekannt, aber alle sind topologisch, d. h., in der einen oder anderen Form wird die Stetigkeit ausgenutzt. Ohne Einbeziehung der Topologie ist es nicht möglich, den Hauptsatz der Algebra zu beweisen. Man kann zeigen (obwohl es etwas merkwürdig klingt), daß der Hauptsatz der Algebra ein nicht-algebraischer Satz ist.

Aufgaben

165. Man zeige: Ist $q \geqq mk$, so existiert eine Abbildung $f: P_q \to P_k$, die den Grad m hat.

166. Man zeige: Sind P und Q orientierbare Flächen und ist die Abbildung $f: P \to Q$ eine k-blättrige Überlagerung, so ist der Abbildungsgrad von f gleich $\pm k$.

167. Man zeige: Ist $f(z)$ ein Polynom vom Grad $m > 1$, so hat für wenigstens ein c (komplex oder reell) die Gleichung $f(z) = c$ nicht mehr als $m - 1$ verschiedene Lösungen.
Hinweis: Ist für jedes c die Zahl der verschiedenen Lösungen gleich m, dann ist die Abbildung $f: S_1 \to S_2$ eine Überlagerung und somit ein Homöomorphismus.

168. Für $k \geqq 1$ zeige man, daß zu jeder Abbildung $f: P_0 \to P_k$ und zu jedem Punkt $Q \in P_k$ eine Abbildung $F: P_0 \times I \to P_k$ existiert, für die $F(R, 0) = f(R)$ und $F(R, 1) = Q$ für jedes $R \in P_0$ gilt, d. h., daß f den Grad 0 hat.
Hinweis: Man benutze die universelle Überlagerung von P_k.

3.6.   Knotengruppen

Es seien L_1 und L_2 zwei Knoten im dreidimensionalen Raum. Wir bezeichnen mit D_1 den Komplementärraum des Knotens L_1 (d. h. die Menge aller Punkte des Raumes, die nicht auf der Kurve L_1 liegen) und mit D_2 den Komplementär-raum des Knotens L_2. Sind die Knoten L_1 und L_2 gleich (isotop), d. h., gibt es einen Homöomorphismus f des Raumes auf sich, bei dem L_1 in L_2 übergeht, dann ist $f(D_1) = D_2$, und die Komplementärräume sind homöo-morph. Damit sind die Gruppen $\pi(D_1)$ und $\pi(D_2)$ isomorph, d. h., die *Fundamentalgruppe des Komplementärraumes ist eine Invariante des Knotens.* Diese Invariante heißt *Knotengruppe.* Wir werden die Knotengruppe mit dem Buchstaben G bezeichnen, d. h. $G(L_1) = \pi(D_1)$. Haben zwei Knoten L und L' verschiedene Knotengruppen $G(L)$ und $G(L')$, so sind auch die Knoten L und L' nicht isotop.

Wir geben jetzt (ohne Beweis) ein Verfahren zur Berechnung der Knoten-gruppe an. Die bei der Normalprojektion eines Knotens L auftretenden Unterbrechungen (vgl. Abschnitt 2.10) zerlegen die Normalprojektion von L in n Bögen $a_1, a_2, \dots, a_n$. Wir wählen auf L eine Orientierung und kenn-zeichnen sie durch Pfeile an den Bögen $a_1, a_2, \dots, a_n$ (Abb. 160). Für die Beschreibung der Gruppe $G(L)$ wählen wir jetzt im Raum einen Punkt o, der höher als die Kurve L gelegen ist. Ausgehend vom Punkt o, ziehen wir einen geschlossenen Weg x_k, der um den Bogen a_k herumführt, wobei wir dem

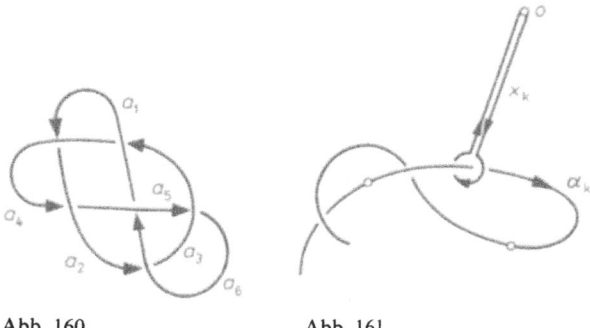

Abb. 160   Abb. 161

Weg x_k eine solche Orientierung geben, daß x_k im Uhrzeigersinn umlaufen wird, wenn man in Richtung der Orientierung von a_k blickt (Abb. 161). Die Homotopieklassen der Wege x_k ($k = 1, 2, \ldots, n$) sind Erzeugende der Knotengruppe.

Wir betrachten jetzt irgendeinen Doppelpunkt der Projektion und umlaufen ihn auf einer kleinen Kreislinie (im Uhrzeigersinn), wobei wir gleichzeitig ein bestimmtes Monom notieren, und zwar wie folgt: Zeigt es sich (beim Durchlaufen von l), daß der Bogen a_i ins Innere der Kreislinie hineinführt, so notieren wir x_i, sonst x_i^{-1}. So schreiben wir bei einem Umlauf von links nach rechts das Produkt von vier Faktoren. Dieses Produkt wird dann gleich 1 gesetzt. Für den Doppelpunkt von Abb. 162 erhalten wir beispielsweise die Relation

$$x_i x_k^{-1} x_j^{-1} x_k = 1 \, .$$

Es ist nicht schwer, sich vorzustellen, daß der Weg $x_i x_k^{-1} x_j^{-1} x_k$ tatsächlich im Komplementärraum nullhomotop ist. In Abb. 163 ist eine Membran ge-

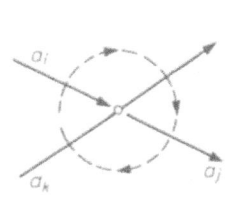

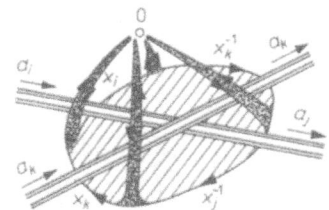

Abb. 162   Abb. 163

zeigt, die in diesen Weg eingespannt ist; sie ist homöomorph zur Kreisfläche. Es zeigt sich, daß wir ein vollständiges System von Gleichungen zwischen den Erzeugenden x_1, x_2, ..., x_n erhalten, wenn wir Relationen wie oben für jeden Doppelpunkt aufschreiben. Diese Beschreibung der Knotengruppe ist auch auf beliebige Geflechte anwendbar.

Bevor wir zur Untersuchung konkreter Knoten und Geflechte kommen, betrachten wir ein algebraisches Beispiel.

Beispiel 50. Wir zeigen, daß die Gruppe G, die durch drei Erzeugende x_1, x_2, x_3 sowie die Relationen

$$x_2 x_1 x_3^{-1} x_1^{-1} = 1 , \quad x_3 x_2 x_1^{-1} x_2^{-1} = 1 , \quad x_1 x_3 x_2^{-1} x_3^{-1} = 1$$

definiert ist, nicht abelsch ist. Für den Beweis bezeichnen wir mit G' die Drehgruppe des gleichseitigen Dreiecks; sie besteht aus sechs Elementen: Drehungen um den Punkt o um Winkel von 0, $\dfrac{2\pi}{3}$, $\dfrac{4\pi}{3}$ und drei Spiegelungen x_1', x_2', x_3', deren Achsen in Abb. 164 gezeigt sind. Man zeigt leicht, daß für die Elemente x_1', x_2', x_3' die angegebenen Relationen gültig sind. Hierbei ist die Gruppe G' nicht abelsch. Somit ist die Gruppe G, die durch die Erzeugenden x_1, x_2, x_3 und die obigen Relationen gegeben ist, ebenfalls nicht abelsch. (Denn wäre die Gruppe G abelsch, so ließe sich hieraus ableiten, daß auch die Gruppe G' abelsch ist; und das ist nicht der Fall.)

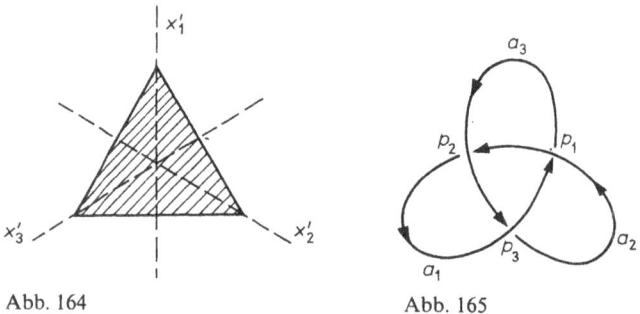

Abb. 164　　　　　　　　　　Abb. 165

Beispiel 51. In Abb. 165 ist die Projektion einer Kleeblattschlinge L dargestellt. Die Relationen zwischen den Erzeugenden x_1, x_2, x_3 (gebildet in den Doppelpunkten p_1, p_2, p_3) stimmen mit den Relationen aus Beispiel 50 überein. Damit ist die Gruppe $G(L)$ dieses Knoten nicht abelsch, und der

Knoten L kann nicht isotop zur Kreislinie sein (für welche die Fundamentalgruppe des Komplementärraumes eine freie zyklische Gruppe und somit
abelsch ist). Der Knoten L läßt sich also nicht lösen, ohne den Faden zu
zerschneiden.

Beispiel 52. In Abb. 166 ist ein Geflecht L gezeigt, das durch die Mittellinien von Tori gebildet wird, aus denen die Menge A_1 aus Abb. 104a besteht.
Die Gruppe $G(L)$ dieses Geflechts hat $2m$ Erzeugende x_1 , ... , x_m, y_1 , ... , y_m.
Man erhält sie, indem man die Wege betrachtet, welche die in Abb. 166 dargestellten Bögen umlaufen. Zwischen diesen Erzeugenden gelten $2m$ Relationen
(die für die Doppelpunkte p_i, q_i notiert werden) folgender Gestalt:

$$x_i x_{i+1}^{-1} x_i^{-1} y_{i+1} = 1 \, , \qquad x_i y_{i+1}^{-1} y_i^{-1} y_{i+1} = 1 \qquad (i = 1, \ldots, m) \, ,$$

wobei wir festlegen, daß $x_{m+1} = x_1, y_{m+1} = y_1$ ist. Die in Abb. 166 dargestellte
Kreislinie l stellt einen Weg im Komplementärraum des Geflechts L dar, dessen
Homotopieklasse durch $x_1^{-1} y_1$ repräsentiert wird (Abb. 167). Wir zeigen, daß
der Weg l im Komplementärraum nicht nullhomotop ist, d. h., kontrahiert
man die Kreislinie l auf einen Punkt, so schneidet sie notwendigerweise das
Geflecht L.

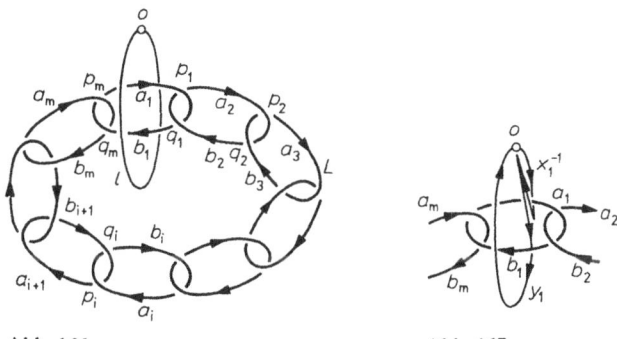

Abb. 166   Abb. 167

Für den Beweis bezeichnen wir mit G' die Drehgruppe des regelmäßigen
m-Ecks. Sie besteht aus den Drehungen um den Punkt o mit Drehwinkeln
$0, \dfrac{2\pi}{m}, \dfrac{4\pi}{m}, \ldots, \dfrac{2(m-1)\pi}{m}$ und den Spiegelungen $x_1', \ldots, x_m'$ an den in Abb.
168 dargestellten Achsen. Weiterhin setzen wir

$$y_1' = x_{m-1}' \, , \qquad y_2' = x_m' \, , \qquad y_3' = x_1' \, , \ldots, y_m' = x_{m-2}' \, .$$

9*

Man überzeugt sich leicht davon, daß diese Elemente der Gruppe G' allen zuvor angegebenen Relationen genügen (wegen $(x_i')^{-1} = x_i'$; somit ist $x_i'x_{i+1}'$ eine Drehung um den Winkel $\frac{2\pi}{m}$). Weiterhin ist das Element $(x_i')^{-1}y_1'$ (das eine Drehung um den Winkel $\frac{4\pi}{m}$ darstellt) vom Einselement der Gruppe G' (d. h. von der identischen Abbildung) verschieden. Somit ist auch in der Gruppe G das Element $(x_i)^{-1}y_1$ vom Einselement verschieden. Mit anderen Worten, die Kreislinie l erzeugt im Komplementärraum einen Weg, der nicht nullhomotop ist.

Analog kann man zeigen, daß der Weg l auch in jenem Komplementärraum nicht nullhomotop ist, der zu der Vereinigung der Mittellinien der Tori gehört, die die Menge A_2 bilden (Abb. 104b) usw. Dies ist auch gleichzeitig eine Begründung dafür, daß die in Beispiel 31 betrachtete Antoinesche Menge die dort beschriebenen Eigenschaften hat.

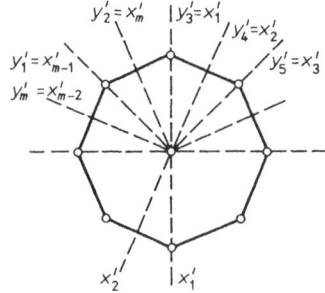

Abb. 168

Aufgaben

169. Man zeige, daß es nicht möglich ist, das in Abb. 117 dargestellte Geflecht zu „trennen", ohne eine der Kurven zu zerreißen.

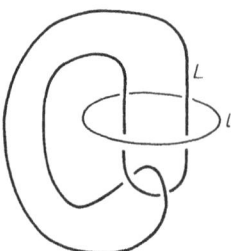

Abb. 169

Hinweis: Man zeige, daß die Kreislinie l_1 ein von 0 verschiedenes Element der Gruppe $G(L)$ definiert, wobei L das Geflecht ist, das von den beiden anderen Kreislinien gebildet wird. Man zeige dazu, daß $G(L)$ eine freie Gruppe mit zwei Erzeugenden ist.

170. Man zeige, daß man die in Abb. 169 dargestellte Kreislinie nicht von der Kurve L „herunternehmen" kann; somit gibt es im Komplementärraum der Kurve L keine Membran, die homöomorph zur Kreisfläche ist und die in l eingespannt ist. Man zeige weiterhin, daß eine Membran existiert, die homöomorph zu einem Henkel ist, in l eingespannt ist und im Komplementärraum der Kurve L liegt.

3.7. Zyklen und Homologie

In den beiden Abbildungen 170 und 171 wird durch den Zyklus z (als durchgehende Linie gezeichnet) jeweils ein Gebiet x auf der Fläche berandet. Dieses Gebiet (eine in z eingespannte Membran) hat dieselbe Orientierung wie der Zyklus. Im folgenden nennen wir *Ränder* (d. h. Zyklen, in die man eine Membran einspannen kann) unwesentlich oder *nullhomolog*.

In Abb. 172a sind zwei Zyklen z_1 und z_2 dargestellt. Ihre Vereinigung bezeichnen wir mit $z_1 + z_2$. Die Differenz $z_1 - z_2$ dieser Zyklen (d. h. die Summe der Zyklen z_1 und $-z_2$, wobei $-z_2$ aus z_2 durch Umkehrung der

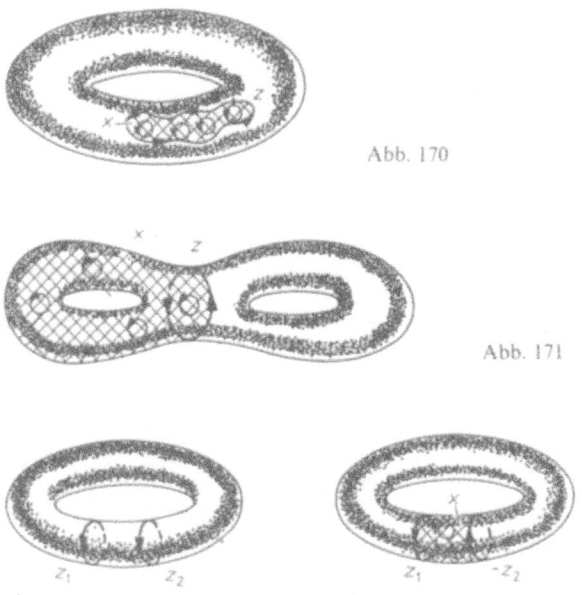

Abb. 170

Abb. 171

Abb. 172

Orientierung entsteht) ist in Abb. 172b dargestellt. Aus der Abbildung ist ersichtlich, daß $z_1 - z_2$ nullhomolog ist ($z_1 - z_2$ ist der Rand der Membran x). In diesem Fall nennt man z_1 und z_2 *homolog.*

Homologiegruppen sind wichtige topologische Invarianten; sie wurden von POINCARÉ eingeführt. Die Idee ihrer Konstruktion besteht darin, festzustellen, wie viele paarweise nichthomologe Zyklen eine gegebene Figur X enthalten kann.

Aufgaben

171. Man zeige, daß jeder eindimensionale Zyklus auf der Sphäre *nullhomolog* ist.

172. Man zeige, daß im Komplementärraum der Menge A_1 aus Beispiel 31 (d. h. auch im Komplementärraum der Antoineschen Menge $A^* \subset A_1$) der Zyklus l_1 (Abb. 105) nullhomolog ist. Hieraus folgt, daß ein nullhomologer Zyklus nicht notwendigerweise kontrahierbar ist.

173. Man zeige, daß jeder der in Abb. 173 bzw. 174 dargestellten Zyklen im Äußeren der verbleibenden Figur nullhomolog ist.

174. Man zeige: Ist die Verschlingungszahl $\mathfrak{w}(z_1, z_2)$ von 0 verschieden, so ist keiner der Zyklen z_1, z_2 im Komplementärraum der restlichen Zyklen nullhomolog.

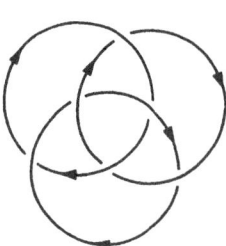   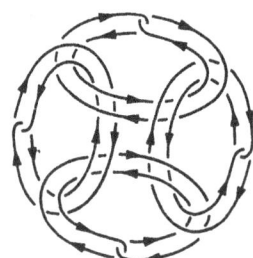

Abb. 173   Abb. 174

Um die Homologiegruppen zu ermitteln, muß der Begriff des Zyklus und der in ihn eingespannten Membran verallgemeinert werden. In Abb. 175 ist jeder der Zyklen z_1 und z_2 nullhomolog: Der Zyklus z_1 ist Rand der Kreisfläche $\tau_1 + \tau_2$, und z_2 ist der Rand der Kreisfläche $\tau_1 + \tau_3$. Die Summe $z_1 + z_2$ begrenzt das Gebiet $(\tau_1 + \tau_2) + (\tau_1 + \tau_3) = 2\tau_1 + \tau_2 + \tau_3$, das aus der doppelt gezählten Zelle τ_1 und den einmal gezählten Zellen τ_2 und τ_3 besteht. Wollen wir also überprüfen, ob der Zyklus $z_1 + z_2$ nullhomolog ist, so müssen wir notwendigerweise die Zellen mit geeigneten Koeffizienten versehen. Ebenso können auch die Zyklen aus Zellen bestehen, die mit geeigneten Koeffizienten versehen sind. So ist beispielsweise die Summe $r_1 + r_2 + r_3 + 3r_3$ aus Abb. 176

ein Zyklus, da in jedem Punkt die Anzahl der hineinführenden Kanten mit der Anzahl der herausführenden Kanten übereinstimmt.

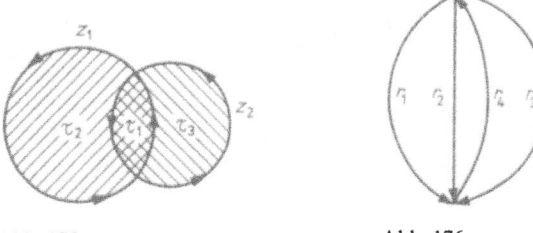

Abb. 175   Abb. 176

Wir kommen jetzt zu einem Satz, der aus dem *Dualitätsprinzip* von ALEXANDER und PONTRJAGIN folgt. Eine vereinfachte Formulierung des Dualitätsprinzips lautet: *Es sei P ein Polyeder, das in den dreidimensionalen Raum eingebettet ist, und Q sei sein Komplementärraum. Es sei z_1 ein Zyklus, der in P oder in Q liegt. Dieser Zyklus z_1 ist genau dann in dieser Figur nullhomolog, wenn man in der anderen Figur keinen Zyklus z_2 finden kann, der mit z_1 verschlungen ist (d. h., für den $\mathfrak{w}(z_1, z_2) \neq 0$ ist).*

Beispiel 53. In Abb. 177 sind eine Kurve P und ein Zyklus z' im Komplementärraum von P dargestellt. Dabei ist z' nicht mit den eindimensionalen Zyklen von P verschlungen. Somit ist z' in Q nullhomolog. In der Abbildung ist eine zweidimensionale Membran $x' \subset Q$ dargestellt, die z' als Rand hat.

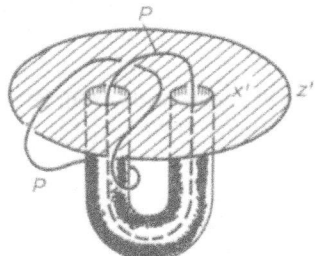

Abb. 177

Aufgaben

175. In Abb. 178 sind vier Zyklen m_1, m_2, m_3 und m_4 auf der Brezelfläche dargestellt. Man gebe im Komplementärraum solche Zyklen z_1, z_2, z_3 und z_4 an, für die $\mathfrak{w}(m_i, z_j) = 1$ ist, falls $i = j$ gilt, und für die $\mathfrak{w}(m_i, z_j) = 0$ ist, falls $i \neq j$ (für $i, j = 1, 2, 3, 4$) ist.

176. Man zeige: Für jeden beliebigen Knoten $l \subset R^3$ gibt es ein Polyeder $K \subset R^3$, das homöomorph zur Mantelfläche des Zylinders ist, bei dem ein Rand mit l übereinstimmt und der andere Rand l' mit l nicht verschlungen ist (d. h., es gilt $\mathfrak{w}(l, l') = 0$).

177. Für die Figur P aus Abb. 132 gebe man Zyklen m_1, m_2 und m_3 in P und Zyklen z_1, z_2 und z_3 im Komplementärraum an, für die $\mathfrak{w}(m_i, z_j) = 1$ für $i = j$ und $\mathfrak{w}(m_i, z_j) = 0$ für $i \neq j$ ist.

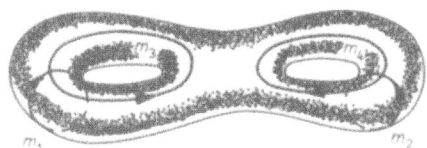

Abb. 178

Wir werden im folgenden nicht die eindimensionalen Zyklen selbst, sondern *Homologieklassen* betrachten, d. h. die in einer Klasse vereinigten zueinander homologen eindimensionalen Zyklen der betrachteten Figur X. Die Addition macht die Menge aller Klassen zu einer Gruppe; und das ist gerade die eindimensionale *Homologiegruppe* $H_1(X)$.

Wir beschreiben jetzt ein Verfahren zur Berechnung der eindimensionalen Homologiegruppen. Zunächst einmal stellen wir fest, daß *zwei homotope Zyklen z_1 und z_2* (d. h. Zyklen, von denen sich der eine aus dem anderen durch eine Deformation erhalten läßt), *auch homolog sind.* Anschaulich kann man sich das so erklären, daß die Spur, die der Zyklus z_1 hinterläßt, wenn er in z_2 deformiert wird, eine Membran bildet, die z_1 mit z_2 verbindet (Abb. 179). Die Umkehrung gilt nicht. In Abb. 180 sind Zyklen dargestellt, die zwar homolog, aber nicht homotop sind: Die zwischen den Zyklen liegenden Löcher lassen es nicht zu, daß z_1 auf der Fläche Q in z_2 verschoben wird. Für die Homologie zweier Zyklen ist ihre Homotopie hinreichend, aber nicht notwendig.

Man überlegt sich leicht, daß bei einer gegebenen Zellenzerlegung eines Polyeders ein beliebiger eindimensionaler Zyklus auf dem Polyeder durch eine

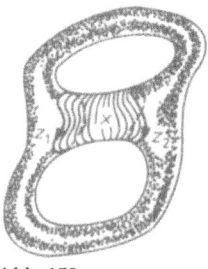

Abb. 179

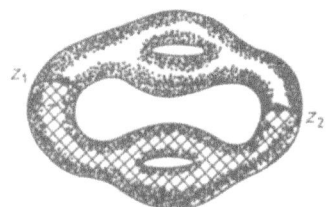

Abb. 180

Deformation in das eindimensionale Gerüst verschoben werden kann, d. h. in den Graphen, der aus den Kanten und Knotenpunkten der Zellenzerlegung besteht (Abb. 181). Die Überlappungen, die bei dieser Deformation auftreten können, lassen sich glätten. Somit ist ein beliebiger eindimensionaler Zyklus homotop (und damit auch homolog) zu einem Zyklus, der aus Kanten besteht, die mit geeigneten Koeffizienten versehen sind. Will man die Homologiegruppe $H_1(X)$ berechnen, so genügt es also, solche eindimensionalen Zyklen zu betrachten, die aus Kanten (mit ganzzahligen Koeffizienten) bestehen. Die Membranen, die zwischen die Zyklen eingespannt sind, kann man als zweidimensionale Zellen ansehen, die mit geeigneten Koeffizienten versehen sind.

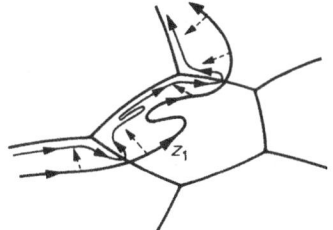

Abb. 181

Das heißt: Man muß als erstes alle eindimensionalen Zyklen bestimmen (die aus Kanten bestehen), und als zweites muß man die Ränder der zweidimensionalen Zellen berechnen und außerdem herausfinden, welche eindimensionalen Zyklen zueinander homolog sind. Ersteres stellt keine Schwierigkeit dar, man muß nur sichern, daß für jeden Knotenpunkt die Anzahl der hineinführenden Kanten mit der Anzahl der herausführenden Kanten übereinstimmt, was man durch einfaches Auszählen überprüft. Den zweiten Schritt können wir im Prinzip bereits durchführen. Wir durchlaufen den Rand der Zelle (entsprechend ihrer Orientierung), schreiben aber jetzt nicht das entsprechende Produkt der Kanten auf (wie das beim Aufstellen der Kantenwege gemacht wurde), sondern schreiben die Summe der Kanten unter Berücksichtigung der Vorzeichen auf. Mit anderen Worten: In den Rand der zweidimensionalen Zelle τ (wir bezeichnen ihn mit $\partial\tau$) geht r mit einem Koeffizienten ein, der gleich der Summe der Potenzen von r ist, mit denen r in dem Kantenweg vorkam. So haben wir beispielsweise für die Zelle in Abb. 143, die entgegen dem Urzeigersinn orientiert ist,

$$\partial\tau_1 = a + b + c + d, \quad \partial\tau_2 = -d + f - h + k,$$
$$\partial\tau_3 = h + l, \quad \partial\tau_4 = -k - l.$$

Beispiel 54. In Beispiel 43 wurde eine Zellenzerlegung der zweidimensionalen Sphäre P_0 angegeben. Diese Zerlegung enthält nur zwei Zellen, eine nulldimensionale und eine zweidimensionale. Da bei dieser Zerlegung überhaupt keine eindimensionalen Zellen auftreten, *ist die Gruppe $H_1(P_0)$ trivial* (denn es gibt keine von 0 verschiedenen eindimensionalen Zyklen).

Beispiel 55. In Beispiel 44 wurde eine Zerlegung der projektiven Ebene angegeben, die aus einer nulldimensionalen Zelle, einer eindimensionalen Zelle r und einer zweidimensionalen Zelle τ besteht. Ein beliebiger eindimensionaler Zyklus hat die Form kr (da es außer r keine weiteren Kanten gibt), wobei der Zyklus $2r$ nullhomolog ist (da $2r = \partial\tau$ ist; vgl. Abb. 141). Hieraus folgt, daß *die Homologiegruppe $H_1(N_1)$ der projektiven Ebene die zyklische Gruppe der Ordnung 2 ist.*

In den Beispielen 54 und 55 benutzten wir zur Berechnung der Homologiegruppen eine spezielle Zellenzerlegung der Polyeder. Wir sprachen jedoch nicht von der „Homologiegruppe bezüglich dieser Zerlegung", sondern von der Homologiegruppe des Polyeders. Das ist dadurch gerechtfertigt, daß *die Homologiegruppe eines Polyeders nicht von der speziellen Wahl der Zerlegung abhängig ist, sondern allein durch das Polyeder vollständig bestimmt wird.*

Aufgaben

178. In Abb. 182 ist eine Zellenzerlegung des Möbiusbandes angegeben (beide Halbkreise des inneren Randes werden längs der Kante a miteinander verklebt). Man zeige, daß $\partial\tau = c - 2a$ ist, und leite hieraus her, daß die eindimensionale Homologiegruppe des Möbiusbandes die freie zyklische Gruppe ist.

179. Man zeige, daß für die in Beispiel 45 angegebene Zellenzerlegung des Torus T die Beziehung $\partial\tau = 0$ gilt. Hieraus leite man her, daß $H_1(T)$ die freie abelsche Gruppe mit zwei Erzeugenden a und b ist.

180. Man zeige, daß der in Abb. 183 dargestellte Zyklus z homolog zu $\pm 3a \pm 2b$ ist (wobei die Vorzeichen von der Wahl der Orientierung des Breitenkreises a und des Meridiankreises b abhängen).

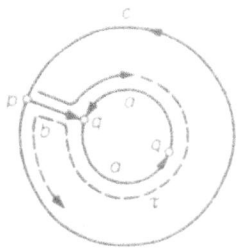

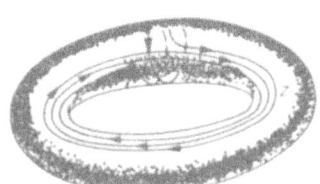

Abb. 182   Abb. 183

181. Man zeige, daß die eindimensionale Homologiegruppe der Brezelfläche P_2 die freie abelsche Gruppe mit vier Erzeugenden m_1, m_2, m_3, m_4 ist (vgl. Abb. 178).

182. Man zeige, daß die eindimensionale Homologiegruppe der Fläche P_k die freie abelsche Gruppe mit $2k$ Erzeugenden ist.

183. Man berechne die Gruppe $H_1(N_q)$. (Antwort: $H_1(N_q)$ ist eine abelsche Gruppe mit q Erzeugenden, die untereinander in folgender Relation stehen: $2c_1 + 2c_2 + ... + 2c_q = 0$. Diese Gruppe läßt sich auch wie folgt charakterisieren: $H_1(N_q)$ ist die direkte Summe der zyklischen Gruppe der Ordnung 2 und der freien abelschen Gruppe mit $q - 1$ Erzeugenden.)

184. Man zeige, daß eine geschlossene Fläche Q genau dann nichtorientierbar ist, wenn die Gruppe $H_1(Q)$ ein Element der Ordnung 2 hat. Man zeige weiterhin, daß zwei geschlossene Flächen genau dann homöomorph sind, wenn ihre eindimensionalen Homologiegruppen isomorph sind.

185. Man zeige, daß es keine Zellenzerlegung des Torus gibt, die aus weniger als vier Zellen besteht.

Wir kommen jetzt zur nulldimensionalen Homologie. Einen nulldimensionalen Zyklus erhält man, indem man die Knotenpunkte der Zellenzerlegung mit ganzzahligen Koeffizienten versieht. Der Rand einer Kante ist gleich der Differenz ihrer Enden. In Abb. 184 haben wir $\partial r_1 = b - a, \partial r_2 = 0$. Zwei nulldimensionale Zyklen sind homolog, wenn ihre Differenz der Rand einer Summe von eindimensionalen Zellen ist (die mit geeigneten Koeffizienten versehen sind). Wir teilen die nulldimensionalen Zyklen in Klassen ein, wobei zwei Zyklen zur gleichen Klasse gehören, wenn sie in dem betrachteten Polyeder homolog sind. Die Menge aller Klassen wird unter der Addition von Zyklen eine Gruppe. Diese Gruppe ist die *nulldimensionale Homologiegruppe* $H_0(X)$.

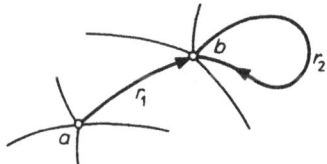

Abb. 184

Aufgaben

186. Man zeige: Ist $r_1, r_2, ... , r_k$ ein einfacher Kantenzug von gerichteten Kanten, der vom Knotenpunkt a zum Knotenpunkt b führt, so ist $\partial(r_1 + r_2 + ... + r_k) = b - a$.

187. Man zeige: Ist X ein zusammenhängendes Polyeder, so ist jeder nulldimensionale Zyklus in X homolog zu einem Punkt, der mit einem geeigneten Koeffizienten versehen ist, d. h., $H_0(X)$ ist die freie zyklische Gruppe.

188. Man zeige, daß für ein aus k Komponenten bestehendes Polyeder die Gruppe $H_0(X)$ die freie abelsche Gruppe mit k Erzeugenden ist.

Analog wird die *zweidimensionale Homologiegruppe* $H_2(X)$ definiert. Man muß in X die zweidimensionalen Zyklen und die in sie eingespannten Membranen betrachten.

Beispiel 56. Es sei X die Menge aller Punkte des dreidimensionalen Raumes, die auf oder im Inneren des Torus gelegen sind (X ist der *Volltorus*). Das Polyeder kann man als Zellenzerlegung darstellen, wobei diese Zerlegung außer den Zellen o, a, b, τ (die auf dem Torus gelegen sind) noch aus einer zweidimensionalen Zelle τ' (ein querverlaufender Schnitt des Torus, der als Rand den Meridiankreis b hat) und einer dreidimensionalen Zelle v (das Innere des Torus, das durch die Zelle τ' aufgespalten wird) besteht. Für die Ränder der Zellen gelten die Beziehungen

$$\partial a = 0, \quad \partial b = 0, \quad \partial \tau = 0, \quad \partial \tau' = b, \quad \partial v = \tau.$$

Man beachte, daß die dreidimensionale Zelle v von zwei Seiten an die zweidimensionale Zelle τ' angrenzt, wobei einmal die Orientierung im Uhrzeigersinn und einmal entgegen dem Uhrzeigersinn zu nehmen ist. Deshalb kommt τ' in ∂v nicht vor.

Die eindimensionalen Zyklen dieser Zellenzerlegung haben die Form $ka + lb$ (k, l ganzzahlig), wobei der Zyklus b nullhomolog ist (in b ist die Membran τ' eingespannt). Somit ist ein beliebiger eindimensionaler Zyklus homolog zu ka, und die Gruppe $H_1(X)$ ist die freie zyklische Gruppe. Da weiterhin $\partial(m\tau + n\tau') = nb$ ist, erweist sich $m\tau + n\tau'$ genau dann als zweidimensionaler Zyklus (d. h., hat genau dann den Rand 0), wenn $n = 0$ ist. Also haben die zweidimensionalen Zyklen die Form $m\tau$. Aber ein beliebiger solcher Zyklus ist nullhomolog (da $\partial v = \tau$ ist, d. h., v ist eine „dreidimensionale Membran", die in den zweidimensionalen Zyklus τ eingespannt ist). Also ist die Gruppe $H_2(X)$ trivial.

Oftmals läßt sich der Rang von $H_r(X)$ einfacher ermitteln als die gesamte Gruppe $H_r(X)$. Der Rang von $H_r(X)$ heißt *r-dimensionale Bettische Zahl* des Polyeders X und wird mit $p_r(X)$ bezeichnet. Die Definition der Bettischen Zahl kann auch wie folgt gegeben werden: Man sagt, daß die r-dimensionalen Zellen $z_1, \dots, z_n$ in X homolog unabhängig sind, wenn es keine ganzen Zahlen $k_1, \dots, k_n$ gibt, von denen mindestens eine von 0 verschieden ist und für der Zyklus $k_1 z_1 + \dots + k_n z_n$ in X nullhomolog ist. Jetzt kann die r-dimensionale Bettische Zahl $p_r(X)$ als größte Anzahl homolog unabhängiger r-dimensionaler Zyklen in X definiert werden.

Als Anwendungsbeispiel für die Bettischen Zahlen geben wir (ohne Beweis) einen Satz zur Berechnung der Eulerschen Charakteristik an. Es sei X ein Polyeder, das als Zellenzerlegung dargestellt ist. Wir bezeichnen mit α_r ($r = 1, 2, \cdots$) die Anzahl der r-dimensionalen Zellen dieser Zerlegung. Dann kann man die *Eulersche Charakteristik des Polyeders X*, d. h. die Zahl $\chi(X) = \Sigma\,(-1)^r \alpha_r$, mit Hilfe der Bettischen Zahlen wie folgt berechnen:

$$\chi(X) = \Sigma\,(-1)^r p_r(X)$$

(die Summation läuft bis zum größten k, für das es Zellen dieser Dimension in der Zerlegung gibt).

Beispiel 57. Die *dreidimensionale Sphäre* S^3 ist als Rand einer Kugel im vierdimensionalen Raum R^4 definiert. Sie ist im kartesischen rechtwinkligen Koordinatensystem durch die Gleichung

$$x_1^2 + x_2^2 + x_3^2 + x_4^2 = 1$$

gegeben. Betrachten wir ein vierdimensionales Analogon zu Abb. 157, so kann man leicht zeigen, daß die dreidimensionale Sphäre, aus der ein Punkt entfernt wurde, homöomorph zum dreidimensionalen Euklidischen Raum ist, d. h. zur offenen dreidimensionalen Kugel. Somit kann man die dreidimensionale Sphäre als einen aus zwei Zellen bestehenden Zellenkomplex darstellen, einer nulldimensionalen Zelle o und einer dreidimensionalen Zelle v. *Also sind* (vergleiche Beispiel 54) *die Homologiegruppen* $H_0(S^3)$ *und* $H_3(S^3)$ *freie zyklische Gruppen, und in den anderen Dimensionen sind die Homologiegruppen der dreidimensionalen Sphäre trivial.* Hieraus folgt $p_0(S^3) = p_3(S^3) = 1$, $p_1(S^3) = p_2(S^3) = 0$.

Beispiel 58. Analog dazu, wie man durch Verkleben der gegenüberliegenden Seiten eines Quadrates einen Torus erhält, erhält man einen *dreidimensionalen Torus* T^3 durch Verkleben der gegenüberliegenden Seiten eines Würfels (T^3 darf nicht mit dem Volltorus aus Beispiel 56 verwechselt werden). So werden etwa auf den Flächen $ABCD$ und $abcd$ alle diejenigen Punkte miteinander verklebt, die an den Enden von Strecken liegen, die parallel zu Aa sind. Alle Ecken des Würfels werden miteinander verklebt und ergeben so eine nulldimensionale Zelle. Alle parallel verlaufenden Kanten werden miteinander verklebt und ergeben somit drei eindimensionale Zellen. Das Verkleben der gegenüberliegenden Flächen ergibt schließlich drei zweidimensionale Zellen. Und weiterhin liegt noch eine dreidimensionale Zelle vor. Das ergibt die gesamte Zellenzerlegung des dreidimensionalen Torus T^3. Der Rand jeder dieser Zellen ist gleich 0, und somit *ist die Homologiegruppe $H_3(T^3)$ des dreidimensionalen Torus die freie zyklische Gruppe, und jede der Gruppen $H_1(T^3)$, $H_2(T^3)$ ist eine freie abelsche Gruppe mit drei Erzeugenden.* Hieraus folgt, daß $p_0(T^3) = p_3(T^3) = 1$ und $p_1(T^3) = p_2(T^3) = 3$ ist.

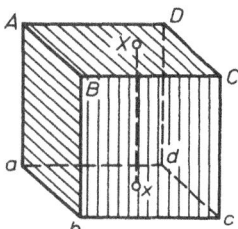

Abb. 185

Beispiel 59. Wir zeigen, daß *man aus zwei Volltori durch Verkleben eine dreidimensionale Sphäre erhalten kann.* Der Torus (Abb. 5) teilt den Raum in zwei Gebiete ein, ein inneres, das durch das Innere des Volltorus gebildet wird, und ein äußeres Gebiet. Wird der dreidimensionale Raum durch einen Punkt vervollständigt (man erhält dann die dreidimensionale Sphäre), so geht das äußere Gebiet ebenfalls in einen Volltorus über (und das ergibt die Zerlegung der dreidimensionalen Sphäre in zwei miteinander verklebte Volltori). Dies wird an Hand von Abb. 186 klar. Dreht man die Figur um die Gerade *l*, so ergibt jede „Kraftlinie", die in der „Ladung" *A* beginnt und in *B* endet (einschließlich der Linie *m* ∞ *m′*, die wirklich nur eine Linie ist, da es nur einen

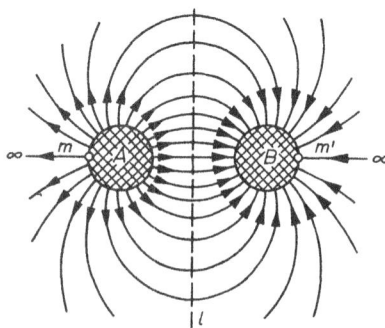

Abb. 186

unendlich weit entfernten Punkt gibt), vom topologischen Standpunkt aus eine Kreislinie. Jede dieser Kreislinien ist durch ihren Ausgangspunkt auf der „Ladung" A eindeutig festgelegt. Somit ist das durch den Torus bestimmte äußere Gebiet (das durch einen unendlich fernen Punkt vervollständigt wurde) homöomorph zum Volltorus.

Aufgaben

189. Man zeige, daß für die dreidimensionale Kugel X die Gruppen $H_1(X)$, $H_2(X)$ und $H_3(X)$ trivial sind.

190. Ein Gebiet im dreidimensionalen Raum, das durch zwei konzentrische Sphären berandet wird, heißt *dreidimensionaler Ring* oder *Kugelschale*. Das Polyeder X entstehe aus einem solchen Ring, indem man alle jene Punkte der beiden Randsphären miteinander verklebt, die auf einem gemeinsamen Radius liegen. Man zeige, daß alle Homologiegruppen $H_0(X)$, $H_1(X)$, $H_2(X)$ und $H_3(X)$ freie zyklische Gruppen sind.

191. Man berechne die Homologiegruppe des Polyeders, das durch die Vereinigung der Fläche P_k mit ihrem inneren Gebiet gebildet wird.

192. Man berechne die Homologiegruppe der dreidimensionalen Figur (*dreidimensionaler projektiver Raum*), die man aus der dreidimensionalen Kugel erhält, indem man auf ihrem Rand die sich jeweils diametral gegenüberliegenden Punkte miteinander verklebt.

193. Man zeige, daß jede geschlossene Fläche ohne Selbstdurchdringung in den dreidimensionalen projektiven Raum eingebettet werden kann.

194. Es sei X ein Polyeder, das in Form einer Zellenzerlegung gegeben ist, und α_r sei die Anzahl der r-dimensionalen Zellen ($r = 0, 1, \ldots, n$), wobei n die größte der unter den Zellen vorkommenden Dimensionen ist. Man zeige, daß für beliebiges $r = 0, 1, \ldots, n - 1$ folgende Ungleichung gültig ist:

$$\sum_{k=1}^{r} (-1)^{r-k} \alpha_k \geqq \sum_{k=1}^{n} (-1)^{r-k} p_k(X).$$

Hinweis: Man betrachte das r-dimensionale Gerüst X^r des Polyeders X (das aus allen Zellen der Zerlegung besteht, die eine Dimension $\leqq r$ haben) und beweise die Beziehungen

$$p_0(X^r) = p_0(X), \qquad p_1(X^r) = p_1(X), \ldots, p_{r-1}(X^r) = p_{r-1}(X), \qquad p_r(X^r) \geqq p_r(X).$$

Abschließend sei erwähnt, daß bei der Bildung der Homologiegruppen für die Koeffizienten nicht notwendig ganze Zahlen genommen werden müssen, sondern daß man auch modulo 2, modulo m (oder allgemeiner mit Elementen einer beliebigen abelschen Gruppe G) rechnen kann. Die so erhaltenen Homologiegruppen werden mit $H_r(X, Z_2)$, $H_r(X, Z_m)$ bzw. $H_r(X, G)$ bezeichnet. Nimmt man beispielsweise als Koeffizienten die Elemente von Z_2, so kann man alle Zellen als nichtorientiert auffassen. Für den Fall, daß man als Koeffizienten die Elemente der zyklischen Gruppe der Ordnung p nimmt (wobei p eine Primzahl ist), erhält man als Homologiegruppen $H_r(X, Z_p)$ direkte Summen von Gruppen, die alle isomorph zu Z_p sind. Die Anzahl dieser Summanden in dieser direkten Summe heißt *r-dimensionale Bettische Zahl* des Polyeders *X nach dem Modul p*.

Aufgaben

195. Man zeige, daß für die projektive Ebene N_1 die Gruppen $H_0(N_1, Z_2)$, $H_1(N_1, Z_2)$ und $H_2(N_1, Z_2)$ Gruppen der Ordnung 2 sind.

196. Man zeige, daß die Flächen P_k und N_{2k} (in allen Dimensionen) gleiche Homologiegruppen nach dem Modul 2 haben.

197. Man berechne für den dreidimensionalen projektiven Raum (siehe Aufgabe 192) die Homologiegruppe nach dem Modul 2.

3.8.   Topologische Produkte

Beispiel 60. Jeder Punkt des Zylinders E (Abb. 187) kann als Paar von Punkten (x, y) gegeben werden, wobei x auf der Grundfläche B liegt und y auf einer Mantellinie F. Durch x definiert man somit eine Strecke, die parallel zu F ist, und durch y eine Kreisfläche, die parallel zu B ist. Der Schnitt beider ist der gesuchte Punkt des Zylinders. Auf diese Weise kann man den *Zylinder E* als *Menge aller Paare* (x, y) auffassen, *wobei x die Menge der Punkte der Figur B (der Kreisfläche) und y die Menge der Punkte der anderen Figur F (der Mantellinie) durchläuft*.

Beispiel 61. Auf dem Torus E (Abb. 188) betrachten wir einen *Meridian B* und einen *Parallelkreis F*. Für die Bestimmung eines beliebigen Punktes des

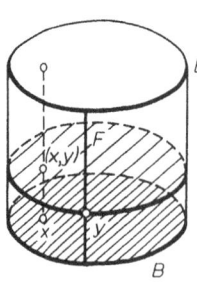
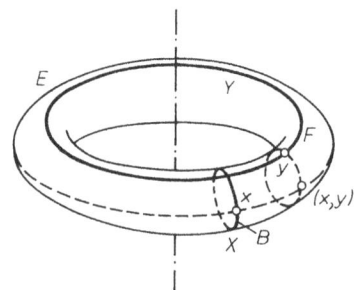

Abb. 187   Abb. 188

Torus genügt es, einen Punkt $x \in B$ und einen Punkt $y \in F$ anzugeben. Dann zeichnet man durch x einen Parallelkreis und durch y einen Meridian und erhält den gesuchten Punkt des Torus als Schnittpunkt beider Kreislinien. Auf diese Weise kann man den *Torus E* als *Menge aller Paare* (x, y) *mit* $x \in B$ *und* $y \in F$ darstellen.

In den betrachteten Beispielen erhielten wir das *topologische Produkt* zweier Figuren B und F. Der Zylinder ergab sich als topologisches Produkt einer Kreisfläche und einer Strecke und der Torus als topologisches Produkt zweier Kreislinien. Allgemein nennt man eine Figur E *topologisches Produkt der Figuren B und F, wenn E als Menge aller Paare* (x, y), *mit* $x \in B$ *und* $y \in F$, *dargestellt werden kann.* Wir bemerken, daß bisher nur darüber gesprochen wurde, aus welchen Punkten die Figur E besteht, die Topologie der Figur jedoch noch angegeben werden muß. Anschaulich läßt sich diese Topologie wie folgt beschreiben: Man sagt, daß die Punkte (x_1, y_1) und (x_2, y_2) in der Figur E einander genau dann ,,nahe'' sind, wenn sowohl x_1 und x_2 in B als auch y_1 und y_2 in F einander ,,nahe'' sind. Hierbei ist wesentlich, daß jedem Punkt der Figur E ein Paar (x, y) entspricht und daß verschiedenen Paaren auch verschiedene Punkte der Figur E entsprechen.

Beispiel 62. Wir betrachten auf der Sphäre den *Äquator B* und den *Null-meridian F*. Für die Bestimmung eines Punktes auf der Sphäre genügt es, seine geographischen Koordinaten, d. h. Punkte $x \in B$ und $y \in F$ anzugeben. Zeichnet man durch diese Punkte einen Meridian und einen Parallelkreis (siehe Abb. 189), so erhält man als Schnitt der beiden Kreislinien den gegebenen Punkt (x, y) auf der Sphäre. Dies bedeutet jedoch nicht, daß die Sphäre das topologische Produkt des Äquators und des Nullmeridians ist. Es seien x und x' zwei verschiedene Punkte des Äquators und n der Nordpol auf dem Nullmeridian. Den unterschiedlichen Paaren (x, n) und (x', n) entspricht dann ein und derselbe Punkt n auf der Sphäre.

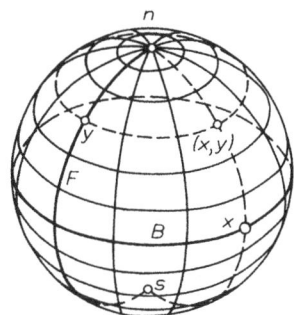
Abb. 189

Aufgaben

198. Man zeige, daß der Kreisring das topologische Produkt einer Kreislinie und einer Strecke ist.

199. Man zeige, daß der Volltorus (Beispiel 56) das Produkt einer Kreisfläche und einer Kreislinie ist.

200. Man zeige, daß das in Aufgabe 190 betrachtete Polyeder topologisches Produkt der Sphäre und der Kreislinie ist.

201. Man zeige, daß der dreidimensionale Torus T^3 topologisches Produkt des (zwei-dimensionalen) Torus und der Kreislinie ist. T^3 läßt sich damit auch als topologisches Produkt dreier Kreislinien darstellen.

Wir untersuchen jetzt *Homologieeigenschaften topologischer Produkte*, wobei wir der Einfachheit halber keine Homologiegruppen betrachten, sondern uns nur auf die Bettischen Zahlen beschränken. Faßt man in Beispiel 61 den Meridian und den Parallelkreis als eindimensionale Zyklen auf, so wird ihr topologisches Produkt (der Torus) ein zweidimensionaler Zyklus. Es sei allgemein E das topologische Produkt zweier Polyeder B und F, in denen entsprechende Zyklen z und z' der Dimensionen r bzw. r' ausgezeichnet seien. Das Produkt dieser Zyklen ist ein $(r + r')$-dimensionaler Zyklus im Polyeder E. Auf diese Weise (durch Multiplikation der Zyklen aus B und F) kann man ein System von homolog unabhängigen Zyklen im Polyeder E erhalten. Hierzu wähle man zuerst ein maximales System homolog unabhängiger nulldimensionaler Zyklen in B bzw. r-dimensionaler Zyklen in F. Durch Multiplikation dieser Zyklen erhält man $p_0(B)p_r(F)$ r-dimensionale Zyklen in E. Danach wähle man eine maximale Menge homolog unabhängiger eindimensionaler Zyklen in B und $(r - 1)$-dimensionaler Zyklen in F. Durch ihre Multiplikation erhält man $p_1(B)p_{r-1}(F)$ Zyklen in E, die alle die Dimension r besitzen. Dieses Verfahren setzt man mit den zweidimensionalen Zyklen aus B und mit den $(r - 2)$-dimensionalen Zyklen in F fort usw. Die Menge der so erhaltenen Zyklen ist eine maximale Menge von r-dimensionalen homolog unabhängigen Zyklen im Polyeder E. Somit gilt für das *topologische Produkt E zweier Polyeder B und F*:

$$p_r(E) = p_0(B)p_r(F) + p_1(B)p_{r-1}(F) + p_2(B)p_{r-2}(F) + \cdots + p_r(B)p_0(F) \, .$$

Dieser Formel kann man die folgende graphische Erläuterung geben. Man stelle eine Tabelle auf und trage in das Kästchen in der j-ten Spalte und in der i-ten Zeile die Zahl $p_i(B)p_j(F)$ ein.

...	...	...	...	...	...
$p_j(F)$	$p_0(B)p_j(F)$	$p_1(B)p_j(F)$	...	$p_i(B)p_j(F)$	...
...	...	...	...	...	...
$p_2(F)$	$p_0(B)p_2(F)$	$p_1(B)p_2(F)$	...	$p_i(B)p_2(F)$	...
$p_1(F)$	$p_0(B)p_1(F)$	$p_1(B)p_1(F)$	...	$p_i(B)p_1(F)$	...
$p_0(F)$	$p_0(B)p_0(F)$	$p_1(B)p_0(F)$	...	$p_i(B)p_0(F)$	...

$p_0(B)$	$p_1(B)$	...	$p_i(B)$	...

Dann ergibt die Summe aller Zahlen, die in der r-ten Diagonalen dieser Tabelle stehen, gerade die r-dimensionale Bettische Zahl des Polyeders E:

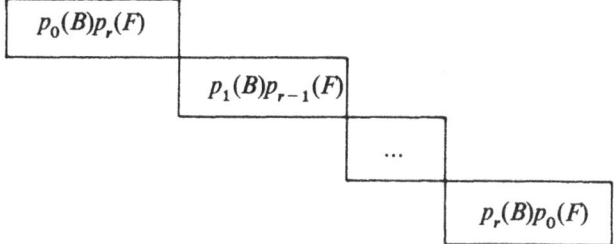

Aufgaben

202. Man stelle die entsprechende Tabelle für das topologische Produkt der Sphäre und der Kreislinie auf und berechne nach diesem Verfahren die Bettischen Zahlen des Polyeders aus Aufgabe 190 (siehe auch Aufgabe 200).

203. Man zeige, daß für ein Polyeder E, das topologisches Produkt der Polyeder B und F ist, die Gleichung $\chi(E) = \chi(B) \cdot \chi(F)$ gilt.

204. Man berechne die Bettischen Zahlen des n-dimensionalen Torus (d. h. des topologischen Produktes von n Kreislinien).

10*

205. Man zeige, daß die dreidimensionale Sphäre nicht homöomorph zum topologischen Produkt einer Kreislinie und einer Fläche ist. Man zeige, daß auch der dreidimensionale projektive Raum nicht homöomorph zum Produkt einer Kreislinie und einer Fläche ist.

3.9. Faserbündel

In Beispiel 60 haben wir die Projektion des Zylinders E auf seine Grundfläche B mit p bezeichnet. Für jedes $x \in B$ ist das Urbild $p^{-1}(x)$ eine Strecke, die parallel zu F verläuft. Wir bezeichnen solche Strecken als *Fasern*. Über jedem Punkt x der Basisfigur B befindet sich („wächst") eine entsprechende Faser, und der gesamte Zylinder zerfällt (spaltet sich auf) in die Vereinigung aller Fasern (so wie ein Bündel von Halmen).

Ist E das topologische Produkt von B und F, so ist die Projektion p, die jedem Punkt $(x, y) \in E$ den Punkt $x \in B$ zuordnet, eine Abbildung von E auf die Basis B, wobei das Urbild $p^{-1}(x)$ eines beliebigen Punktes $x \in B$ (die Faser, die über x wächst), homöomorph zu F ist. Man kann das leicht am Beispiel 68 sowie den Aufgaben 198 bis 201 nachprüfen.

Wir untersuchen jetzt die Projektion p der Schraubenlinie E auf die Kreislinie B (siehe Abb. 145). Jedes Urbild $p^{-1}(x)$ (die Faser, die über x wächst) ist homöomorph zur Menge F, die aus den Punkten ... , -4π, -2π, 0, 2π, 4π, 6π, ... der Zahlengeraden besteht. Dieses Beispiel unterscheidet sich vom topologischen Produkt der Kreislinie B mit einer Faser (das aus einer unendlichen Anzahl einzelner Kreislinien besteht; siehe Abb. 190). Aber das

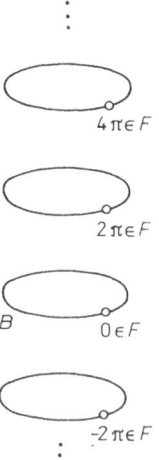

Abb. 190

Urbild $p^{-1}(U)$ einer Umgebung U zerfällt in einzelne Blätter, d. h., $p^{-1}(U)$ ist das topologische Produkt einer Umgebung U mit einem Halm F (siehe Abb. 146). Das bedeutet, daß E lokal (in der Umgebung eines jeden Punktes $x \in B$) topologisches Produkt ist, aber nicht im Globalen. In der Topologie spricht man in solchen Fällen von *lokal trivialen Faserbündeln*. Jede beliebige Überlagerung ist ein lokal triviales Faserbündel, wobei die Faser F dieses Bündels aus isolierten Punkten besteht. In Beispiel 49 besteht die Faser aus zwei Punkten, die Überlagerung E ist eine orientierbare Fläche, während die Basis B nichtorientierbar ist.

Beispiel 63. Wir bezeichnen mit B die Mittellinie des Möbiusbandes. Durch jeden Punkt $x \in B$ verläuft quer von einem Rand zum anderen eine Strecke, die wir Faser nennen, die über dem Punkt x wächst (diese querverlaufenden Strecken erhält man aus den querverlaufenden Strecken eines rechtwinkligen Bandes, das man zu einem Möbiusband verklebt). Bilden wir jede querverlaufende Strecke in den entsprechenden Punkt x der Mittellinie ab, so erhalten wir die Projektion $p:E \to B$, wobei $p^{-1}(x)$ die Faser über dem Punkt $x \in B$ ist. Dieses Faserbündel ist lokal trivial. Denn wählt man auf der Kreislinie B einen Bogen U, so .ist sein Urbild $p^{-1}(U)$ das topologische Produkt von U mit der Faser F (Abb. 191). Aber das Möbiusband ist nicht das topologische Produkt der Kreislinie B mit der Faser F (vgl. Aufgabe 198).

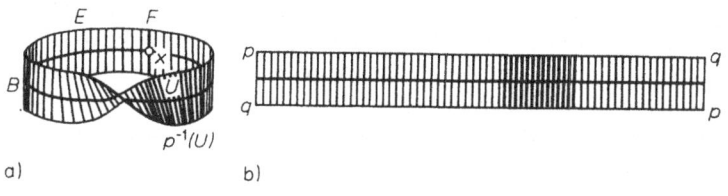

a)   b)

Abb. 191

Beispiel 64. Ein weiteres Beispiel für ein lokal triviales Faserbündel ist das *normierte Tangentenbündel* für eine Fläche. Es sei B eine orientierbare Fläche. Mit E bezeichnen wir die Menge aller Vektoren der Länge 1, die die Fläche B tangieren. Es sei $p:E \to B$ die Abbildung, die jedem Tangentialvektor $z \in E$ denjenigen Punkt $x \in B$ zuordnet, aus dem der Vektor seinen Ursprung nimmt. Die Faser $p^{-1}(x)$ über dem Punkt $x \in B$ (die aus allen Vektoren der Länge 1 besteht, welche die Fläche im Punkt x berühren) ist homöomorph zur Kreislinie. Die Abbildung $p:E \to B$ ist ein lokal triviales Faserbündel. Denn jede kleine Umgebung U eines Punktes x der Fläche B kann man als ein kleines Stück der Ebene auffassen, und deshalb kann jeder Vektor z, der die Fläche B in irgendeinem Punkt $x \in U$ tangiert, als Paar (x, y) angegeben werden, wobei y ein Punkt der Einheitskreislinie ist (Abb. 192). Somit läßt sich $p^{-1}(U)$ als topologisches Produkt der Umgebung U mit der Kreislinie darstellen.

Abb. 192

Speziell sei E das normierte Tangentenbündel der Sphäre S^2 (d. h. die Menge aller Einheitsvektoren, die diese Sphäre tangieren). Man kann den Raum E in Form einer Zellenzerlegung aus vier Zellen darstellen. Es sei $x_0 \in S^2$, und F_0 sei die Faser über dem Punkt x_0. Wir wählen einen Punkt $\tau^0 \in F_0$ und bezeichnen den verbleibenden Teil der Faser F_0 (eine eindimensionale Zelle) mit τ^1. Es sei v ein Vektorfeld auf der Sphäre S^2 mit der einzigen Singularität im Punkt x_0 (vom Index $+2$). Das Feld v läßt sich als zweidimensionale Zelle in E auffassen. Diese Zelle wird auf die gesamte Sphäre S^2 projiziert, aus der der Punkt x_0 entfernt wurde. Mit jeder Faser (außer F_0) hat sie genau einen Punkt gemeinsam. Nehmen wir nun aus E die Zellen τ^0, τ^1 und $\tau^2 = v$ heraus, so erhalten wir eine Menge τ^3, die homöomorph zur offenen dreidimensionalen Kugel ist. Somit läßt sich E als Zellenzerlegung $\{\tau^0, \tau^1, \tau^2, \tau^3\}$ darstellen. Hierbei wird der Rand der Zelle $v = \tau^2$ durch die zweimal durchlaufene Faser F_0 gebildet, d. h., es gilt $\partial \tau^2 = 2\tau^1$. Die anderen Zellen haben jeweils einen leeren Rand: $\partial \tau^3 = 0$, $\partial \tau^1 = 0$, $\partial \tau^0 = 0$. Hieraus läßt sich nun leicht herleiten, daß die Bettischen Zahlen von E folgende Werte haben: $p_0(E) = p_3(E) = 1$, $p_1(E) = p_2(E) = 0$. Betrachtet man die Homologie nach dem Modul 2, so ist $\partial \tau^2 = 0$, und somit haben die Bettischen Zahlen nach dem Modul 2 die Form $p_0(E) = p_1(E) = p_2(E) = p_3(E) = 1$.

Aufgaben

206. Man zeige, daß sich die Kleinsche Flasche als lokal triviales Faserbündel darstellen läßt, wobei Basis und Faser die Kreislinie sind.

207. Man zeige, daß das normierte Tangentenbündel des Torus T homöomorph zum dreidimensionalen Torus ist.

208. Man zeige: Hat ein lokal triviales Faserbündel die zweidimensionale Sphäre als Basis und die Kreislinie als Faser, so kann man den Raum E dieses Faserbündels aus zwei Volltori erhalten, die an ihren Rändern miteinander verklebt sind.

209. Man zeige: Hat ein lokal triviales Faserbündel die Kreislinie als Basis und eine Strecke als Faser, so ist der Raum E dieses Faserbündels zum Kreisring oder zum Möbiusband homöomorph.

Von dem französischen Mathematiker JEAN LERAY stammt der folgende wichtige Satz über die Homologien von Faserbündeln, den wir hier in einer vereinfachten Form angeben.

Es sei $p : E \to B$ ein Faserbündel, dessen Basis ein zusammenhängendes Polyeder mit trivialer Fundamentalgruppe ist und das als Faser F ein beliebiges Polyeder hat. Wie im vorhergehenden Abschnitt stellen wir eine Tabelle auf, die sich für das topologische Produkt von B und F ergibt. In dieser Tabelle notieren wir „Rösselsprünge" durch Pfeile (Abb. 193). An jeden Pfeil schreiben wir eine nichtnegative ganze Zahl, wobei wir folgende Bedingungen beachten: 1. Die Zahl, die in einem Kästchen steht, ist nicht kleiner als die Summe der Zahlen an den beiden Pfeilen, die in das Kästchen hinein- bzw. aus ihm herausführen. 2. Verläuft ein Pfeil durch den Rand der Tabelle, so muß an ihn die Zahl 0 geschrieben werden. Wir erhalten eine *Tabelle E_2*.

Nun stellen wir eine neue Tabelle auf. Jedem Kästchen ordnen wir als neue Zahl die Differenz aus der alten Zahl und der Summe der beiden an den hinein- bzw. herausführenden Pfeilen stehenden Zahlen zu. Danach kennzeichnen wir „verlängerte Rösselsprünge" (Abb. 194) und schreiben an sie nichtnegative ganze Zahlen, wobei die obigen Bedingungen 1 und 2 beachtet werden. Wir erhalten auf diese Weise eine Tabelle E_3.

Auf gleiche Weise erhalten wir aus *Tabelle E_3* eine *Tabelle E_4* usw. In der *Tabelle E_n* führen die Pfeile dabei n Kästchen nach rechts und $n - 1$ Kästchen nach oben.

Unabhängig von der gewählten Zellenzerlegung ändern sich schließlich die Zahlen (in den Tabellen E_2, E_3, E_4, ...) nicht mehr, sie stabilisieren sich: Die Pfeile werden immer länger und gehen schließlich über den Rand der Ta-

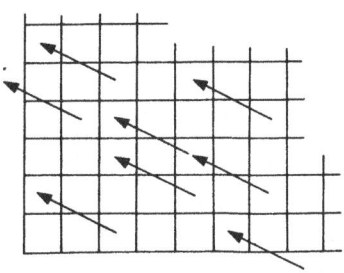

Abb. 193

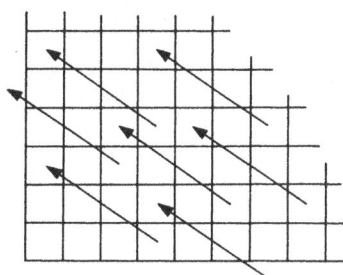

Abb. 194

bellen hinaus. Die *Tabelle*, in der sich die Zahlen nicht mehr ändern, bezeichnen wir mit E_∞ (in ihr gibt es keine Pfeile mehr, die ganz im Inneren verlaufen). Der Satz von LERAY besagt folgendes: *Man kann solche Zahlen an die Pfeile schreiben, daß die Summe der Zahlen auf der r-ten Diagonalen von E die Bettische Zahl der Dimension r für den Raum E ergeben.*

Beispiel 65. Es sei $p: E \to B$ ein Faserbündel mit der Sphäre S^2 als Basis und der Kreislinie S^1 als Faser. Dann ist $p_0(B) = p_2(B) = 1$, $p_0(F) = p_1(F) = 1$, und die verbleibenden Bettischen Zahlen für Basis und Faser sind gleich 0. Somit hat die Tabelle E_2 das in Abb. 195 gezeigte Aussehen (wobei in allen Kästchen, außer den vier angegebenen, die Zahl 0 geschrieben steht, und an allen Pfeilen, außer dem angegebenen, die Zahl 0 steht). An dem angegebenen Pfeil steht entweder 0 oder 1. Die Tabelle E_3 stimmt bereits mit E_∞ überein (alle Pfeile führen über den Rand der Tabelle hinaus). Nach dem Satz von LERAY hat somit unser Raum E entweder die Bettischen Zahlen $p_0(E) = p_1(E) = p_2(E) = 1$ (wenn an dem Pfeil 0 angetragen wird) oder die Bettischen Zahlen $p_0(E) = p_3(E) = 1, p_1(E) = p_2(E) = 0$ (wenn an dem Pfeil 1 angetragen wird). Die erste Möglichkeit wird für das topologische Produkt aus S^2 und S^1 realisiert (siehe Aufgabe 200). Die zweite Möglichkeit wird vom Tangentenbündel der Sphäre S^2 realisiert (siehe Beispiel 64).

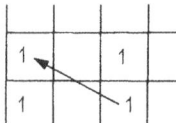

Abb. 195

3.10. Morse-Theorie

Eine notwendige Voraussetzung dafür, daß eine differenzierbare Funktion in einem inneren Punkt x_0 ihres Definitionsgebietes ein (lokales) Maximum oder Minimum annimmt, besteht darin, daß ihre Tangente in x_0 horizontal verläuft. Diese Bedingung ist jedoch nicht hinreichend. In einem Wendepunkt mit horizontaler Tangente nimmt die Funktion weder Maximum noch Minimum an.

Maximum- und Minimumpunkte sind stabil unter kleinen „Bewegungen" ihres Funktionsgraphen (Abb. 196a). Hingegen ist das bei Wendepunkten (mit horizontaler Tangente) nicht der Fall: Bei kleinen Bewegungen kann er verlorengehen (d. h., in seiner Nähe liegt dann kein Punkt mehr, der eine horizontale Tangente besitzt, Abb. 196b).

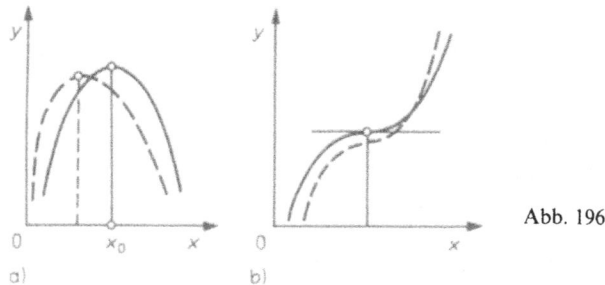

Abb. 196

Für Funktionen zweier Veränderlicher x und y (die in einem Gebiet in der Ebene definiert sind) kann man eine analoge notwendige Bedingung angeben: *Dafür, daß eine Funktion $f(x, y)$ ein lokales Maximum in einem inneren Punkt (x_0, y_0) ihres Definitionsgebietes annimmt, ist es notwendig, daß dieser Punkt kritisch ist, d. h., daß der Graph der Funktion im Punkt (x_0, y_0) eine horizontale Tangentialebene hat.*

Beispiel 66. In Abb. 197 sind die Graphen der Funktionen

$$f_0(x, y) = c + x^2 + y^2,$$

$$f_1(x, y) = c + x^2 - y^2, \tag{21}$$

$$f_2(x, y) = c - x^2 - y^2$$

dargestellt. Der Punkt $(0, 0)$ ist jeweils kritisch. Für f_0 ist er ein Minimumpunkt, für f_2 ein Maximumpunkt. f_1 nimmt in $(0, 0)$ weder ein Maximum noch ein Minimum an, es handelt sich hier um einen sogenannten *Sattelpunkt*. Alle diese Punkte sind stetig unter kleinen Bewegungen des Funktionsgraphen. Es gibt noch kompliziertere kritische Punkte, z. B. besitzt die Funktion

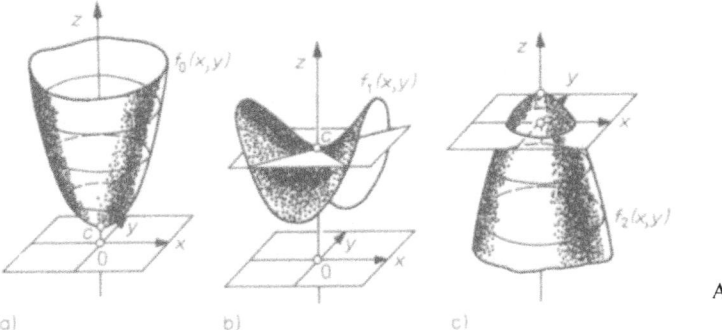

Abb. 197

$f(x, y) = x^3 - 3xy^2$ im Koordinatenursprung einen Sattel dritter Ordnung (drei Senken und drei Erhebungen und nicht zwei wie in Abb. 197b). Man kann sich davon überzeugen, daß bei kleinen Bewegungen des Funktionsgraphen alle kritischen Punkte erhalten bleiben so wie in Abb. 197.

Man kann auch Funktionen betrachten, die nicht auf einer Ebene, sondern auf einer Fläche gegeben sind, wobei in der Umgebung eines jeden ihrer Punkte die Fläche topologisch äquivalent zu einer Ebene ist.

Beispiel 67. Für einen beliebigen Punkt p, der auf dem Torus T gelegen ist, bezeichnen wir mit $f(p)$ die Höhe des Punktes p über der horizontalen Ebene Π. Diese Funktion hat (wenn der Torus so wie in Abb. 198 gelagert ist) einen Maximumpunkt a, einen Minimumpunkt d und zwei Sattelpunkte b und c. Bezeichnen wir mit C_0 die Anzahl der Minimumpunkte, mit C_2 die Anzahl der Maximumpunkte und mit C_1 die Anzahl der Sattelpunkte, so ist in diesem Beispiel $C_0 = 1$, $C_1 = 2$, $C_2 = 1$ und somit $C_0 - C_1 + C_2 = 0$.

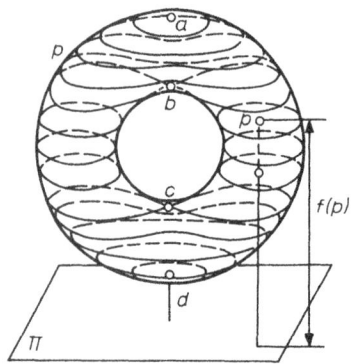

Abb. 198

Beispiel 68. Für die Sphäre liefert die wie in Beispiel 67 definierte Funktion $f(p)$ zwei kritische Punkte, einen Minimumpunkt (Südpol) und einen Maximumpunkt (Nordpol). Somit ist in diesem Beispiel $C_0 = 1$, $C_1 = 0$, $C_2 = 1$, d. h. $C_0 - C_1 + C_2 = 2$.

Die betrachteten Beispiele führen zur Formulierung eines Satzes über kritische Punkte, der von dem amerikanischen Mathematiker MORSE stammt. Wir vereinbaren, daß ein Minimumpunkt den Index 0, ein Sattelpunkt den Index 1 und ein Maximumpunkt den Index 2 hat. Jetzt können wir die erste Hälfte des Satzes von MORSE (für den Fall einer Fläche) formulieren:

Es sei auf der Fläche Q eine Funktion gegeben, die nur nichtentartete kritische Punkte besitzt. Dann gilt

$$C_0 - C_1 + C_2 = \chi(Q), \qquad (22)$$

wobei C_0 *die Anzahl der kritischen Punkte vom Index* 0 (d. h. *die Anzahl der Minimumpunkte),* C_1 *die Anzahl der kritischen Punkte vom Index* 1 (*der Sattelpunkte) und* C_2 *die Anzahl der kritischen Punkte vom Index* 2 (*der Maximalpunkte) bezeichnen.*

Die Funktion f bestimmt auf der Fläche Q Höhenlinien (d. h. solche Linien, auf denen f einen konstanten Wert hat). Man kann auf Q die Linien des stärksten Gefälles untersuchen, d. h. die Linien, auf denen die Funktion am schnellsten abnimmt. Sie stehen senkrecht auf den Höhenlinien. Die Vektoren, die in Richtung des stärksten Gefälles zeigen, bilden auf der Fläche Q ein Vektorfeld. In nichtkritischen Punkten hat dieses Vektorfeld keine Singularitäten. In Abb. 199 ist dargestellt, wie das Vektorfeld in der Umgebung eines Minimumpunktes (a), eines Sattelpunktes (b) und eines Maximumpunktes (c) aussieht. Man überzeugt sich leicht davon, daß $j = (-1)^k$ gilt, wobei j der Index des singulären Punktes des Vektorfeldes und k der Index des kritischen Punktes ist (siehe Abb. 89). Somit hat das betrachtete Vektorfeld C_0 singuläre Punkte mit dem Index $+1$ (Minimumpunkte), C_1 singuläre Punkte mit dem Index -1 (Sattelpunkte) und weiterhin C_2 singuläre Punkte vom Index $+1$ (Maximumpunkte). Aus dem Satz von POINCARÉ über Vektorfelder (Abschnitt 2.6) folgt jetzt die Gültigkeit von Formel (22) für beliebige geschlossene orientierbare Flächen.

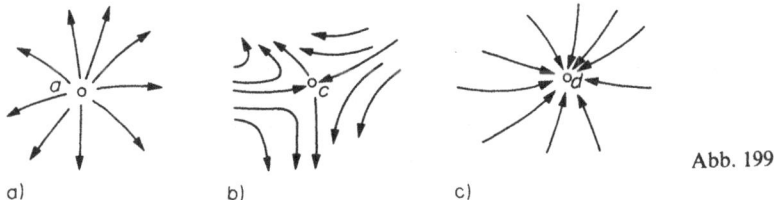

Abb. 199

a)   b)   c)

Aufgaben

210. Man zeige, daß Formel (22) auch für beliebige nichtorientierbare Flächen gültig ist.

211. Man zeige: Ist auf der Fläche P_k eine Funktion gegeben, deren sämtliche kritischen Punkte nicht entartet sind, so ist die Anzahl der kritischen Punkte nicht kleiner als $2k + 2$.

Wir formulieren jetzt die zweite Hälfte des Satzes von MORSE: *Ist auf einer Fläche Q eine Funktion gegeben, die nur nichtentartete kritische Punkte hat, so gilt*

$$C_0 \geqq P_0(Q), \qquad C_1 - C_0 \geqq p_1(Q) - p_0(Q). \tag{23}$$

Für den Beweis führen wir einige Vorüberlegungen durch. Wir nehmen zunächst an, daß die Werte, die die Funktion in ihren kritischen Punkten annimmt, paarweise voneinander verschieden sind. Weiterhin seien die kritischen Punkte $a_1, \ldots, a_q$ so numeriert, daß $f(a_1) > \ldots > f(a_q)$ ist.

In der Nähe von a_1 (dem Punkt mit dem größten lokalen Maximum, Abb. 200a) sind die Höhenlinien geschlossen und führen um den Punkt a_1 herum. Wir schneiden die Fläche längs einer solchen Höhenlinie auf und erhalten eine zweidimensionale Kappe τ_1 und einen Rest Q_1 (Abb. 200b). Jetzt vereinfachen wir die Figur Q_1. Dazu zeichnen wir eine Höhenlinie, die ein wenig höher als der Punkt a_2 verläuft. Nun entfernen wir von Q_1 den Teil F_1, der oberhalb dieser Höhenlinie gelegen ist (Abb. 200c). Den verbleibenden Teil der Fläche bezeichnen wir mit Q_1'. Da zwischen a_1 und a_2 keine kritischen Punkte liegen, ist der ganze Teil F_1 ausgefüllt durch „parallel verlaufende" Linien des stärksten Gefälles, und längs dieser Linien kann man F_1 auf Q_1' „herunterziehen". Da hierbei (wie bei jeder Homotopie) ein beliebiger Zyklus in einen homologen Zyklus übergeht, hat Q_1 die gleiche Homologie wie Q_1'.

Es sei jetzt l eine Höhenlinie, die etwas unterhalb des Punktes a_2 verläuft. Wir bezeichnen mit Q_2 den Teil der Fläche, der unterhalb dieser Linie liegt. Es sei etwa a_2 ein Sattelpunkt. Mit Ausnahme einer Umgebung des Punktes a_2 können wir Q_1' längs der Linien des größten Gefälles auf Q_2 herunterziehen (siehe Abb. 200d). Jetzt kann man den verbleibenden Streifen auf eine eindimensionale Zelle zusammenziehen, die mit Q_2 verheftet ist (Abb. 200e). Diese Deformation ändert die Homologie nicht. Somit hat die Ausgangsfläche Q die gleiche Homologie wie die Figur, die man aus Q_2 erhält, indem man die eindimensionale Zelle τ_2 (die dem Sattel entspricht) und dann die zweidimensionale Zelle τ_1 (die dem Maximum entspricht) hinzufügt.

Als nächstes ziehen wir Q_2 auf einen Teil Q_2' herunter, der unterhalb einer Höhenlinie liegt, die etwas höher als der Punkt a_3 verläuft. Ist a_3 ein Minimumpunkt, so hat der in der Nähe des Punktes a_3 verbleibende Teil F' der Fläche dieselbe Homologie wie ein Punkt, d. h. wie eine nulldimensionale Zelle τ_3 (Abb. 200f). Wir bezeichnen die Figur, die wir aus Q_3 durch

Entfernen von F' erhalten, mit Q_3^*. Wir sehen, daß die Ausgangsfläche Q dieselbe Homologie hat wie die Figur, die man aus Q_3^* erhält, indem man die nulldimensionale Zelle τ_3, die eindimensionale Zelle τ_2 und die zweidimensionale Zelle τ_1 hinzufügt.

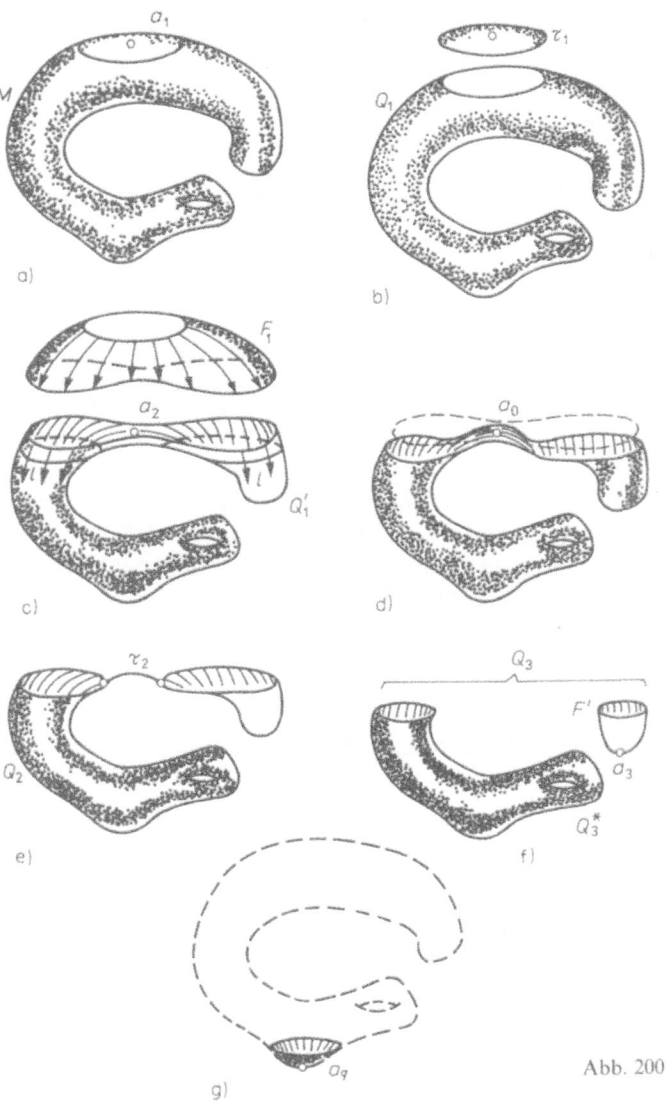

Abb. 200

Schließlich verbleibt uns von der Ausgangsfläche der letzte Minimumpunkt a_q (Abb. 200g). Gehen wir umgekehrt vor, so sehen wir, daß man eine Figur mit gleicher Homologie wie Q erhalten kann, indem man nacheinander Zellen miteinander verheftet: Jedem Minimumpunkt entspricht eine nulldimensionale Zelle, jedem Sattelpunkt entspricht eine eindimensionale Zelle, und jedem Maximumpunkt entspricht eine zweidimensionale Zelle. Anders ausgedrückt, *Q hat dieselbe Homologie wie ein geeignetes Polyeder, das C_0 nulldimensionale, C_1 eindimensionale und C_2 zweidimensionale Zellen enthält.* Hieraus folgt nun die Gültigkeit der Ungleichung (23) (siehe Aufgabe 194).

Aufgaben

212. Man zeige, daß die Formeln (22) und (23) ebenfalls gültig sind, wenn die Bettischen Zahlen modulo einer Primzahl p genommen werden.

213. Man zeige, daß $C_r \geqq p_r(Q)$ $(r = 0, 1, 2)$ ist.

Eine *n-dimensionale Mannigfaltigkeit* ist eine Figur, für die jeder Punkt eine Umgebung besitzt, die homöomorph zur n-dimensionalen offenen Vollkugel ist. (Zweidimensionale Mannigfaltigkeiten sind gerade Flächen; in den Aufgaben 190 und 192 sowie in den Beispielen 57 und 58 wurden dreidimensionale Mannigfaltigkeiten betrachtet.). Auf einer n-dimensionalen Mannigfaltigkeit Q gibt es $n + 1$ Typen nicht entarteter kritischer Punkte (in Formeln, die analog wie die in (21) gebildet werden, können im rechten Teil 0, 1, ... , n Minuszeichen vorkommen). Der Satz von MORSE (und die Überlegungen zu seinem Beweis) bleiben auch in diesem Fall erhalten. So geht beispielsweise die Ungleichung (23) über in

$$\sum_{k=0}^{r} (-1)^{r-k} C_k \geqq \sum_{k=0}^{r} (-1)^{r-k} p_k(Q) \quad (r = 0, 1, \ldots, n).$$

Anhang.
Topologische Objekte in nematischen Flüssigkristallen

V. P. MINEEV

Viele mathematische Begriffe und sogar ganze Theorien bestehen viele Jahre lang, ohne eine Anwendung außerhalb der Mathematik selbst zu erlangen. So vergingen mehrere Jahrhunderte bis zur Klärung des Begriffs der komplexen Zahl und ihrer breiten Anwendung in der Physik und in der Technik. Ein gutes Beispiel aus jüngerer Zeit ist die Topologie. Im letzten Jahrzehnt entstanden in einigen weit voneinander entfernten Gebieten der Physik eine Reihe von Aufgaben, die ihre adäquate Formulierung und Lösung in der Sprache der Topologie fanden. Das führte gleichzeitig zu einem wesentlichen Fortschritt in den entsprechenden Gebieten der Physik.

Eine Illustration hierfür ist die Biophysik der Polymere, die sich mit sehr großen Molekülen aus Eiweißen und Nukleinsäuren beschäftigt. Untersuchen wir die räumliche Lage eines solchen Moleküls, so treffen wir unerwartet auf Schranken topologischer Art. Rein mathematisch ist ein langes, geschlossenes Molekül eine geschlossene Kurve. Wir wissen, daß solche Kurven Knoten bilden. Verschiedene Knoten kann man nicht durch Deformation ineinander überführen, ohne die Kurve zerschneiden und anschließend wieder zusammenkleben zu müssen. Die Bedingung, daß Kurven nicht getrennt werden dürfen, wird dadurch gesichert, daß für einen Schnitt die chemische Verbindung im entsprechenden Punkt der Kette des Polymers gespalten werden muß. Die energetischen Anforderungen hierfür sind recht beachtlich. Deshalb ist bei hinreichend niedrigen Temperaturen die Wahrscheinlichkeit für das Aufspalten klein, und die Moleküle des Polymers können im Zustand mit der gegebenen Knotenkonfiguration unbegrenzt lange bestehen. Die wichtige Frage, welcher Teil der Moleküle aus der Gesamtheit aller Moleküle vorgegebener Länge einen bestimmten Knotentyp besitzt, wird auf der Grundlage der aus der algebraischen Topologie bekannten Bestimmung topologisch verschiedener Knotentypen behandelt.

In der Biophysik der Polymere bilden die langen Moleküle selbst die topologischen Objekte, die Knoten. In anderen Gebieten der Physik treffen wir auf Objekte mit topologischen Eigenschaften, die schon nicht mehr so unmittelbar auf der Hand liegen. Beispielsweise treten in der Feldtheorie Teilchen auf, die mathematisch als Vektorfelder mit topologischen Merkmalen beschrieben werden. In der Festkörperphysik zeigte es sich, daß die Stabilität einer Reihe von Defekten in geordneten Stoffen mit der Topologie verbunden ist: gewöhnliche und Flüssigkristalle, Supraleiter, Plasmazustand und Ferromagnete. In diesem Anhang wollen wir uns mit den einfachsten Stoffen bekanntmachen, bei denen Defekte auftreten, deren Stabilität topologischer Natur ist. Das sind die nematischen Flüssigkristalle, oft spricht man einfach von Nematik. Die notwendigen mathematischen Begriffe sind: Index eines Vektorfeldes, Fundamentalgruppe, Abbildungsgrad und andere, die sich hier sehr schnell erklären lassen. Die genauen Definitionen und Erläuterungen kann man im Hauptteil des Buches nachlesen.

1.   Nematik

Nematische Flüssigkristalle bestehen aus langgestreckten Molekülen, zwischen denen Wechselwirkungen auftreten, die danach streben, die Moleküle parallel nebeneinander anzuordnen. Bei hohen Temperaturen wird dies durch die Wärmebewegung unterbunden, und der Stoff verhält sich wie eine gewöhnliche Flüssigkeit (Abb. 1a). Bei Temperaturen unterhalb eines kritischen Wertes (ein typischer Wert für die Übergangstemperatur beträgt einige zehn Grad) bildet sich in der Flüssigkeit eine bestimmte Richtung heraus, nach der die Achsen der Flüssigkeit im wesentlichen ausgerichtet sind. Hierbei bleibt jedoch die Verteilung der Schwerpunkte der Moleküle der nematischen Flüssigkeit chaotisch wie in gewöhnlichen Flüssigkeiten (Abb. 1b). Die geringfügigen Auslenkungen der Achsen aus der Parallellage sind auf Temperaturschwingungen zurückzuführen. Mathematisch beschreibt man die Richtung der vorherrschenden Orientierung mit Hilfe eines Einheitsvektors d, der auch *Direktor* genannt wird. Der besondere Name für den Vektor d rührt daher,

Abb. 1

a)   b)

daß die Lage der Enden der langen Moleküle nicht festgelegt ist, obwohl sie sich voneinander unterscheiden (vgl. Abb. 1b). Die nematischen Zustände mit entgegengesetzt gerichteten Vektoren (*d* und —*d*) lassen sich physikalisch nicht voneinander unterscheiden. Mit anderen Worten, man kann die Vektoren nicht als Pfeile darstellen, sondern nur als kurze Striche, die somit nur eine Richtung (direction), aber keinen Durchlaufsinn angeben.

Bedingt durch Einwirkungen der Gefäßwände sowie des äußeren (z. B. des magnetischen) Feldes ist der nematische Zustand stets inhomogen. Das bedeutet, daß sich die Richtung des Direktors *d* schrittweise von Punkt zu Punkt ändert. Die Verteilung von *d* im Raum heißt *Vektorfeld*[1]) des Einheitsvektors *d*.

2.   Disklination in der Nematik

Bedingt durch die starke Lichtstreuung erscheint ein nematischer Flüssigkristall als trübe undurchsichtige Flüssigkeit. Betrachtet man sie im Mikroskop, so kann man längliche dünne Fäden beobachten, die in der Flüssigkeit treiben. Sie waren es auch, die den nematischen Flüssigkristallen ihren Namen gaben (von griech. $\nu\eta\mu\alpha$ — Faden). Bereits zu Beginn unseres Jahrhunderts glaubten die Wissenschaftler (jetzt ist es eine gesicherte Tatsache), daß es sich bei bei den Fäden nicht um Fremdeinschlüsse, sondern um Besonderheiten in der Anordnung der Moleküle handelt.

Im Richtungsfeld des Direktors *d* können Kurven auftreten, auf denen die Richtung von *d* nicht festgelegt ist (Brüche oder Singularitäten). Eine solche Verteilung von *d* kann man am einfachsten für ebene Vektorfelder darstellen, d. h., wenn alle Vektoren im Raum parallel zu einer Ebene verlaufen (vgl. Abb. 2, das Feld des Direktors ist durch eine gestrichelte Linie dargestellt). Wir wissen, daß die singulären Punkte eines Vektorfeldes in der Ebene durch ihren *Index* charakterisiert sind d. h. durch die Anzahl v der vollständigen Drehungen in positiver Richtung, die der Direktor *d* ausführt, wenn man längs einer geschlossenen Kontur γ um diesen singulären Punkt herumgeht. So hat der singuläre Punkt von Abb. 2a den Index $v = 1$, der von Abb. 2b den Index $v = -1$ und der von Abb. 2c den Index $v = 2$. Wie wir wissen, sind Zustände, die sich nur im Vorzeichen von *d* unterscheiden, nicht unterscheidbar. Deshalb kann es singuläre Punkte mit

---

[1]) Da der Direktor keinen Durchlaufsinn besitzt, kann man formal nicht mehr von Vektorfeldern sprechen, und es müssen die Aussagen über Vektorfelder entsprechend modifiziert werden. Dies möge der Leser im folgenden berücksichtigen.

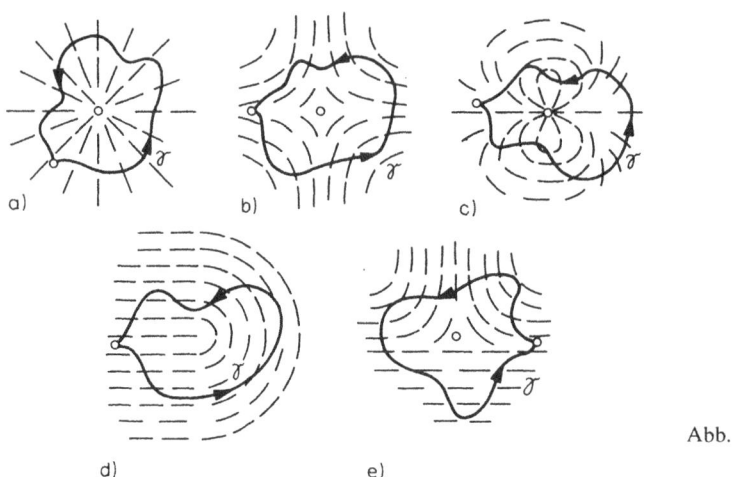

Abb. 2

a)　　　　　　b)　　　　　　c)

d)　　　　　　e)

folgendem Verhalten geben: Umläuft man sie längs einer geschlossenen Kontur, dann unterscheidet sich die Umlaufzahl von γ um 1/2 von einer ganzen Zahl. So ist der Index der singulären Punkte, die in Abb. 2d und e dargestellt sind, 1/2 bzw. $-1/2$. Die singulären Punkte in Abb. 2 sind Projektionen des Bildes singulärer Kurven im Richtungsfeld d in die Ebene. Schaut man auf der singulären Kurve in Abb. 2a nicht von oben, sondern von der Seite, so wird die Verteilung von d so sichtbar, wie sie in Abb. 3a dargestellt ist. Nach einem Vorschlag des englischen Physikers FRANK wurde die Bruchlinie im Richtungsfeld des Direktors *Disklination* genannt.

Da die Wechselwirkung zwischen den Molekülen danach strebt, diese parallel zueinander auszurichten, sind singuläre Kurven in der Verteilung von d energetisch ungünstig. Somit müssen in einer nematischen Flüssigkeit Deformationen der Verteilung von d entstehen, die darauf zielen, die singulä-

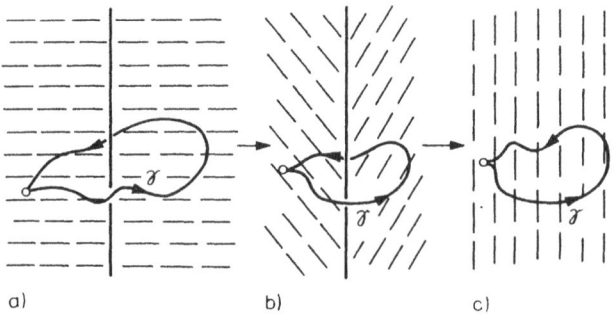

Abb. 3

a)　　　　　　b)　　　　　　c)

ren Stellen zu beseitigen und die Verteilung in einen homogenen Zustand überzuführen, der das niedrigste Energieniveau besitzt. Wie so etwas vor sich gehen
kann, ist leicht am Beispiel der Disklination aus Abb. 3a zu sehen. Die
Deformationen, die in der Bildfolge 3a, b, c dargestellt sind, überführen die
Verteilung in einen homogenen Zustand ohne Singularitäten. Diese Deformation des Feldes d, die an das Zusammenklappen eines Regenschirmes erinnert,
wurde ,,Ausweichen in die dritte Dimension" genannt, da die Richtung d,
die zunächst in Abb. 2a in der Ebene lag, sich senkrecht aufrichtet (Abb. 3c).
Die in Abb. 2a und 3a dargestellte Disklination ist somit bezüglich des
Ausweichens in die dritte Dimension instabil. Es fragt sich, ob andere
Disklinationen stabil sind. Wie muß eine Eigenschaft formuliert sein, damit
stabile Disklinationen von instabilen unterschieden werden können?

Damit ist folgendes gemeint: Eine beliebige Disklination kann man zerstören, indem man einen Bruch im Direktorfeld schafft, so wie das in
der Bildfolge 4a, b, c dargestellt ist. Wir sehen jedoch, daß in der Umgebung der Bruchstelle die Moleküle nicht parallel zueinander wie in der
Nematik angeordnet sind, sondern wie in einer gewöhnlichen Flüssigkeit in
einem Winkel zueinander stehen. Einen solchen Bruch zu schaffen ist folglich
äquivalent damit, die nematische Ordnung der gesamten Halbebene aufzu-
lösen, die an die singuläre Kurve angrenzt, und das erfordert einen großen energetischen Aufwand. Mit anderen Worten, dieser Prozeß besitzt eine kolossale
energetische Barriere. Deshalb kann man sich bei der Untersuchung stabiler
Disklinationen darauf beschränken, nur stetige Deformationen des Feldes d
zu betrachten. Auch hierbei kann sich die Topologie als nützlich erweisen.

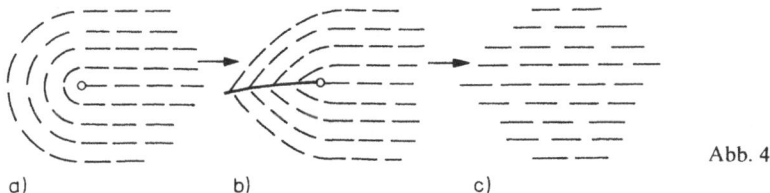

Abb. 4

a)   b)   c)

3.   Disklination und Topologie

In einem Gebiet, das von einer nematischen Flüssigkeit ausgefüllt wird, haben
die Vektoren irgendeine Verteilung. Mit anderen Worten, jedem Punkt r
unseres Gebietes ist ein Vektor d zugeordnet, wodurch ein Vektorfeld $d(r)$
gegeben ist. Wir verschieben jetzt die Vektoren d aus den verschiedenen
Punkten des Gebietes parallel zu sich selbst derart, daß sie alle in einem Punkt

beginnen (Abb. 5a, b). Dann liegen ihre Spitzen auf der Oberfläche einer Kugel vom Einheitsradius. Das Vektorfeld $d(r)$ repräsentiert somit eine Abbildung der Punkte r unseres Gebietes in die Punkte der Oberfläche einer Kugel vom Einheitsradius.

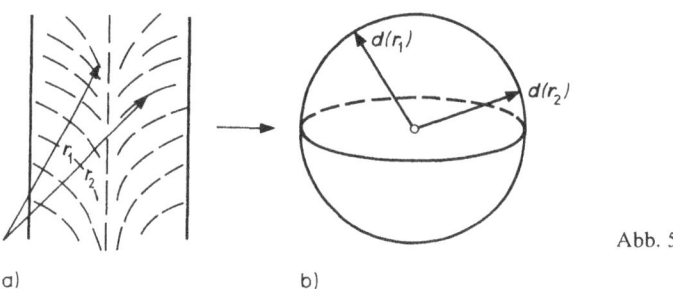

a)   b)

Abb. 5

Die Sphäre, auf der die Spitzen der Vektoren d liegen, ist von der üblichen Sphäre verschieden. Denn d ist ja kein einfacher Vektor, sondern ein Vektor-Direktor, und die Zustände d und $-d$ sind physikalisch ununterscheidbar, d. h., die Punkte auf der Sphäre, die sich diametral gegenüberliegen sind äquivalent, oder, wie man in der Topologie sagt, die Sphäre ist an ihrem diametral gegenüberliegenden Punkten verklebt. Eine solche Sphäre nennt man *projektiven Raum* und bezeichnet ihn mit RP^2. Das Ergebnis der Verklebung der diametral gegenüberliegenden Punkte der Sphäre kann man im dreidimensionalen Raum nicht darstellen, doch ist es auch nicht nötig. Es genügt zu bemerken, daß d und $-d$ ein und denselben Punkt repräsentieren. Somit erweist sich das Vektorfeld $d(r)$ als Abbildung der Punkte r des Koordinatenraumes in die Punkte der projektiven Ebene RP^2. Wir untersuchen jetzt die Beziehung von RP^2 zur Stabilität der Disklination in der Nematik.

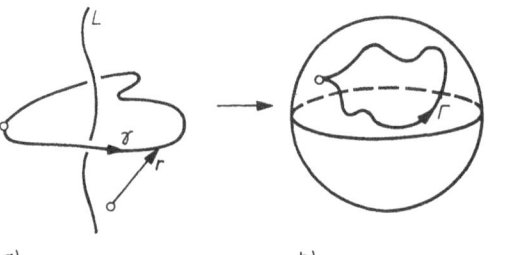

a)   b)

Abb. 6

Im Vektorfeld $d(r)$ sei eine Disklinationskurve L gegeben, d. h. eine Kurve, auf der das Feld $d(r)$ einen Bruch hat (Abb. 6a). Wir umlaufen ihn längs einer geschlossenen Kontur γ. Jeder Punkt r dieser Kontur hat seinen Bildpunkt $d(r)$ auf der Fläche RP^2, und die geschlossene Kontur γ selbst wird auf eine geschlossene Kontur Γ auf der Fläche RP^2 abgebildet (Abb. 6b). Offensichtlich entspricht jeder beliebigen stetigen Deformation des Feldes $d(r)$ in der Umgebung der Kontur γ eine Deformation der Kontur Γ auf der Fläche RP^2. Beispielsweise bewirkt die Deformation der Verteilung $d(r)$, die wir Ausweichen in die dritte Dimension genannt haben, die Kontraktion der Kontur Γ auf der Fläche RP^2 auf einen Punkt (Abb. 7).

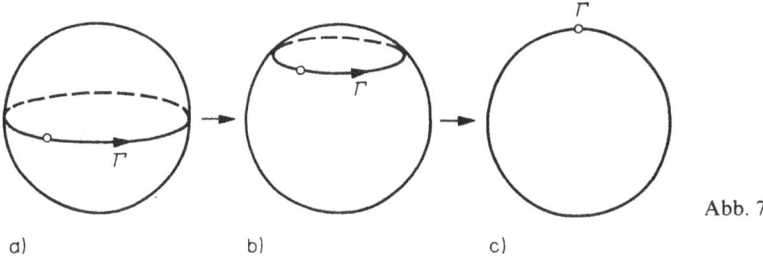

Abb. 7

a)   b)   c)

Auch im allgemeinen Fall entspricht der Behebbarkeit einer (instabilen) Disklination, daß sich die Kontur Γ auf der Fläche RP^2 auf einen Punkt kontrahieren läßt. Wir werden die Klasse dieser Konturen und der zugehörenden Disklinationen mit Γ_0 bezeichnen. Man sieht leicht, daß für ebene Felder zu dieser Klasse alle Disklinationen mit ganzzahligem Index v des Vektorfeldes $d(r)$ gehören (Abb. 2a, b, c). Alle Konturen der Klasse Γ_0, auch die ganzen Vektorfelder der Disklinationen dieser Klasse, kann man stetig ineinander deformieren.

Andererseits gibt es in der Nematik Disklinationen (z. B. die aus Abb. 2d, e) mit der Eigenschaft, daß das Bild jeder sie umgebenden Kontur γ vom Typ $\Gamma_{1/2}$ ist, d. h., es werden durch ihr Bild auf der Sphäre diametral gegenüberliegende Punkte verbunden (Abb. 8). Wir wissen, daß solche Punkte äquivalent sind, die Konturen $\Gamma_{1/2}$ sind geschlossen! Im Gegensatz zu Konturen vom Typ Γ_0 ist es nicht möglich, die Konturen aus $\Gamma_{1/2}$ auf einen Punkt der Fläche von RP^2 zu kontrahieren. In diesem Zusammenhang erinnern die Konturen des Typs $\Gamma_{1/2}$ an Konturen, die auf einem Ring um dessen Loch in der Mitte herumlaufen. Das kann man sich leicht selbst vorstellen, wenn man die Sphäre deformiert und in zwei diametral gegenüberliegenden Punkten miteinander verklebt — dem Anfang und dem Ende der Kontur $\Gamma_{1/2}$.

Es ist unmöglich, Konturen vom Typ $\Gamma_{1/2}$ auf einen Punkt zu kontrahieren, aber man kann sie ineinander deformieren. Die Disklinationen, die in Abb. 2c und d dargestellt sind, sind stabil. Es ist unmöglich, die ihnen entsprechenden Verteilungen des Feldes $d(r)$ durch stetige Deformationen in homogene Verteilungen des Feldes $d(r)$ überzuführen, obwohl man sie leicht aufeinander abbilden kann. Dem Leser wird empfohlen, selbständig das Feld in Abb. 2d in das Feld in Abb. 2e zu deformieren. Hierfür empfiehlt es sich, zunächst die Deformation der entsprechenden Konturen $\Gamma_{1/2}$ im RP^2 durchzuführen, die in Abb. 8 dargestellt sind.

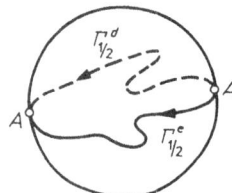

Abb. 8

Wir unterstreichen, daß die Existenz geschlossener Konturen $\Gamma_{1/2}$, die sich nicht auf einen Punkt kontrahieren lassen, und damit topologisch stabiler Disklinationen ausschließlich eine Folge der Äquivalenz von diametral gegenüberliegenden Punkten d und $-d$ ist. Auf der gewöhnlichen Sphäre ohne irgendwelche Verheftungen kann man jede geschlossene Kontur auf einen Punkt kontrahieren, und wenn somit die Zustände d und $-d$ verschieden wären, gäbe es in einem solchen Stoff (z. B. in isotropen Ferromagnetika) keine stabilen singulären Kurven. Die Sphäre und RP^2 sind lokal (in der Umgebung jeden Punktes) äquivalent, aber global in ihrer vollständigen Gestalt haben sie verschiedene topologische Eigenschaften.

Somit gibt es vom Standpunkt der Topologie in nematischen Flüssigkristallen insgesamt zwei Typen von Disklinationskurven. Sie sind auf der projektiven Ebene entweder durch eine geschlossene Kontur vom Typ Γ_0 charakterisiert, die sich auf einen Punkt kontrahieren läßt, oder durch eine geschlossene Kontur vom Typ $\Gamma_{1/2}$, die sich nicht auf einen Punkt kontrahieren läßt. Stabile Kurven vom Typ $\Gamma_{1/2}$ können nicht innerhalb des von der nematischen Flüssigkeit eingenommenen Gebietes aufhören. Sie sind entweder geschlossen oder führen bis zum Rand. Wir beweisen diese Behauptung indirekt. Angenommen, eine Kurve vom Typ $\Gamma_{1/2}$ endet im Inneren. Dann kann man sie aus der sie umlaufenden Kontur γ herausnehmen und auf einen Punkt kontrahieren. Also läßt sich auch das Bild von γ in der projektiven Ebene auf einen Punkt kontrahieren. Das ist aber für Konturen vom Typ $\Gamma_{1/2}$ nicht möglich. Andererseits ist es instabilen Kurven von der Topologie aus nicht verboten, im Inneren des Gebietes aufzuhören; denn Stücke von singulären Kurven kann man energetisch günstig in ihrer Länge verkürzen und sie entweder ganz zum Verschwinden bringen oder, wenn sie mit einem Ende an der Oberfläche befestigt sind, zu einem singulären Punkt an der Fläche zusammenpressen.

Disklinationskurven stehen in Wechselwirkung miteinander, und im Fall, daß sie sich gegenseitig anziehen, können beispielsweise zwei Kurven zu einer Kurve verschmelzen. Was wird das Resultat einer solchen Verschmelzung sein? Erhält man aus zwei stabilen Kurven wieder eine stabile Kurve, oder wird sie instabil und verschwindet?

Die Topologie gibt eine Antwort auf diese Frage. Auf der projektiven Ebene wird das Bild der Kontur $\gamma = \gamma_1 + \gamma_2$ (Abb. 9a), die gleichzeitig zwei Kurven vom Typ $\Gamma_{1/2}$ umläuft, eine Kontur $\Gamma_{1/2}$, die zweimal durchlaufen wird; wir sprechen vom Produkt $\Gamma_{1/2} \cdot \Gamma_{1/2}$. Wie aus Abb. 9b ersichtlich, ist eine solche Kontur äquivalent zur Kontur Γ_0 und läßt sich somit auf einen Punkt kontrahieren. Das bedeutet, daß zwei stabile Disklinationen bei ihrer Vereinigung in eine instabile Disklination vom Typ Γ_0 übergehen, d. h., sie heben sich gegenseitig auf. Von dem soeben Gesagten kann man sich sofort überzeugen, indem man die Verteilung $d(r)$, die in Abb. 9a dargestellt ist, so deformiert, daß sie in die Verteilung übergeht, die in Abb. 2a dargestellt ist. Umgekehrt ergibt die Vereinigung einer stabilen mit einer instabilen Disklination stets eine stabile Disklination, wofür man kurz $\Gamma_{1/2} \cdot \Gamma_0 = \Gamma_0 \cdot \Gamma_{1/2} = \Gamma_{1/2}$ schreiben kann.

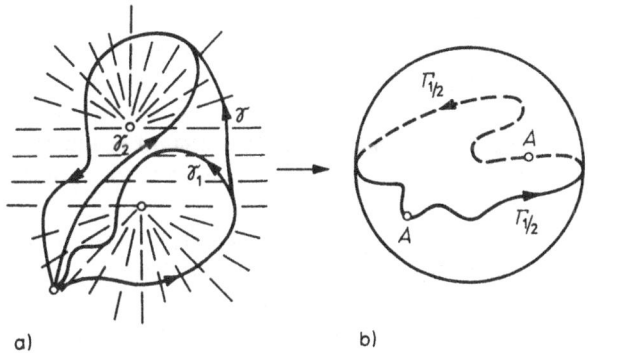

a)   b)   Abb. 9

Das soeben formulierte Multiplikationsgesetz besagt, daß die Menge der Klassen der Konturen auf RP^2, die aus zwei Elementen Γ_0 und $\Gamma_{1/2}$ besteht, eine Gruppe $\pi_1(RP^2)$ bildet, die *Fundamentalgruppe* der projektiven Ebene. Die Multiplikation der Elemente in dieser Gruppe kann man äquiva-

lent ersetzen durch die Addition der Indizes der Konturen, unter der Bedingung, daß alle ganzen Zahlen zu 0 äquivalent sind:

$$\Gamma_{1/2} \cdot \Gamma_{1/2} = \Gamma_0 \Rightarrow \frac{1}{2} + \frac{1}{2} = 0 \; ;$$

$$\Gamma_{1/2} \cdot \Gamma_0 = \Gamma_{1/2} \Rightarrow \frac{1}{2} + 0 = \frac{1}{2} .$$

4.   Singuläre Punkte

Außer den singulären Kurven des Vektorfeldes $d(r)$ sind in dem Gebiet, das
von der nematischen Flüssigkeit eingenommen wird, auch singuläre Punkte
möglich, Unstetigkeitspunkte im Feld $d(r)$. Das einfachste Beispiel dafür ist
ein Punkt, um den die Richtung des Vektorfeldes d mit der Richtung der
von diesem Punkt ausgehenden Radiusvektoren $d(r) = r/|r|$ übereinstimmt.
Die Vektoren, die von diesem singulären Punkt ausgehen, erinnern an die
Stacheln eines zu einer Kugel zusammengerollten Igels; deshalb wurde dieser
singuläre Punkt *Igel* genannt. Ist der Igel stabil? Mit anderen Worten, kann man
auf dem Weg einer stetigen Deformation des Feldes $d(r)$ diesen kritischen
Punkt entfernen und das Feld $d(r)$ in ein homogenes verwandeln? Für eine
Antwort auf diese Frage umgeben wir den kritischen Punkt mit einer Sphäre σ.
Das Bild der Sphäre σ auf RP^2 wird die ganze Fläche RP^2, die zweimal
durchlaufen wird. Somit realisiert das Feld $d(r)$ um den Igel eine Abbildung
vom Grad 1 der Sphäre σ auf RP^2, die eine *zweifache Überlagerung*
von RP^2 durch σ darstellt. Daß diese Abbildung nicht zu einer konstanten Abbildung (d. h. zu einer Abbildung auf einen einzigen Punkt aus RP^2) deformiert
werden kann, läßt sich folgendermaßen begründen. Wäre Φ_t ($0 \leqq t \leqq 1$, Φ_0
die gegebene Abbildung von σ auf RP^2, Φ_1 die konstante Abbildung von σ
auf einen Punkt x_0 aus RP^2) eine solche Deformation, so gäbe es zu
jedem Punkt x aus σ einen in x beginnenden Überlagerungsweg $\Phi_{x,t}$
($0 \leqq t \leqq 1$) des in RP^2 verlaufenden Weges $\Phi_t(x)$ (siehe 3.4.). Die durch
$x \to \Phi_{x,}$ ($x \in \sigma$, $0 \leqq t \leqq 1$) definierte Deformation von σ würde diese Sphäre
in einen der beiden über x_0 gelegenen Punkte aus σ zusammenziehen. Das
ist unmöglich.

Im allgemeinen Fall muß man, um einen beliebigen singulären Punkt im Feld
$d(r)$ auf Stabilität zu untersuchen, diesen mit einer Sphäre σ umgeben und ihr
Bild in RP^2 verfolgen. Jedem stabilen singulären Punkt entspricht eine elastische
Haut (das Bild von σ in RP^2). Instabilen singulären Punkten entsprechen

geschlossene Häute, die man in RP^2 zu einem Punkt kontrahieren kann. Die stabilen singulären Punkte wie auch die stabilen singulären Kurven kann man nur entfernen, indem man Brüche im Feld $d(r)$ schafft. Das entspricht der Überwindung einer kolossalen energetischen Barriere. Wir haben einen solchen Prozeß im Fall einer singulären Kurve betrachtet (Abb. 4). Im Unterschied zur singulären Kurve muß man, um einen stabilen singulären Punkt zu entfernen, einen Bruch im Feld $d(r)$ schaffen, der längs einer Kurve aus dem Feld hinausführt.

Der Abbildungsgrad ist ein ganzzahliger Index. Es entsteht die Frage, worin sich die Igel, die einen Grad vom gleichen Betrag haben, etwa mit $N = 1$ und $N = -1$, unterscheiden. Sie müssen sich in der Richtung der Stacheln unterscheiden, d. h. durch unterschiedliche Orientierung der Häutchen (Membranen), der Bilder der Sphäre σ. Im ersten Fall ragen die Stacheln nach außen, im zweiten nach innen. Aber wir wissen, daß entgegengesetzte Richtungen $d(r)$ ununterscheidbar sind. Deshalb sind Igel mit $N = 1$ und $N = -1$ ein und derselbe singuläre Punkt mit $|N| = 1$. Verschmilzt man andererseits zwei Igel miteinander, so scheint es, daß das zu einer Addition der Indizes führen muß. Verschmelzen wir zwei Igel mit den Indizes $|N_1| = 1$ und $|N_2| = 1$, so können wir sowohl einen Igel vom Index 2 als auch einen Igel vom Index 0 erhalten, d. h. einen hebbaren (instabilen) singulären Punkt. Ein solches Verhalten erscheint unwahrscheinlich. Aber was passiert in diesem Fall?

Der reale Vorgang des Verschmelzens der Igel gibt ein Resultat, das vom gewählten Weg abhängt, um zu der Verschmelzung zu gelangen. Dies folgt daraus, daß die Fundamentalgruppe $\pi_1(RP^2)$ eines nematischen Flüssigkristalls nichttrivial ist. In der Topologie spricht man vom *Einfluß* von π_1. Beispielsweise kann man die Verschmelzung zweier singulärer Punkte mit $|N_1| = 1$ und $|N_2| = 1$ längs zweier Wege γ und $\tilde{\gamma}$ durchführen, die an verschiedenen Seiten der Kurve der stabilen Disklination vorbeiführen. In Abb. 10a

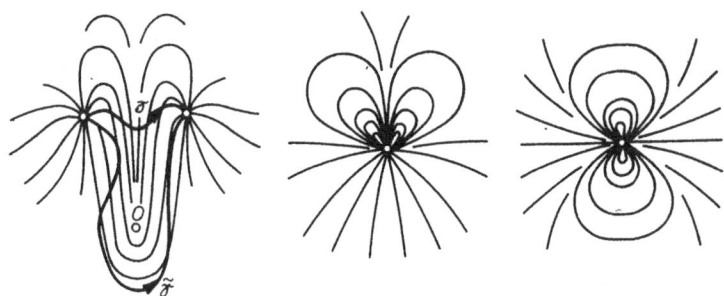

a)   b)   c)   Abb. 10

sind die Feldlinien von $d(r)$ durch dünne Linien dargestellt; die Disklinationskurve steht senkrecht auf der Zeichenebene und ist mit dem Buchstaben O
bezeichnet. Es ist leicht zu sehen, daß die Verschmelzung längs des Weges γ
eine punktförmige Singularität mit $|N| = 2$ liefert. Sie ist in Abb. 10 b darge-
stellt. Wir weisen darauf hin, daß die Verteilung des Feldes in Abb. 10 b keine
Symmetrieachse, sondern nur eine Symmetrieebene besitzt, die senkrecht auf
der Zeichenebene steht. Die Verschmelzung der Punkte längs des Weges $\tilde{\gamma}$
liefert eine punktförmige Singularität mit $N = 0$, die in Abb. 10 c abgebildet
ist. Hierbei ist die Verteilung $d(r)$ achsensymmetrisch bezüglich einer horizontalen Achse, die durch die Zeichnung geht. Somit führt das Vorhan-
densein der Disklination im Feld $d(r)$ zu verschiedenen Ergebnissen beim
Verschmelzen der Igel. Damit ist gemeint, daß Ungleichheit nur beim Vorhan-
densein von topologisch stabilen Disklinationen entsteht, und sie entspricht
nichttrivialen Elementen der Fundamentalgruppe.

5.   Was gibt es noch?

Wir haben gesehen, daß die topologischen Eigenschaften von geschlossenen
Konturen und Häutchen (Membranen) auf der projektiven Ebene die Möglichkeit geben, eine Reihe von Fragen zu analysieren, die mit der Stabilität und der
Verschmelzung von Disklinationen und singulären Punkten in nematischen
Flüssigkristallen zusammenhängen. Die Topologie gibt die Möglichkeit, außer
den singulären Stellen eines Feldes $d(r)$ auch stabile nichtsinguläre Konfigu-
rationen des Feldes zu klassifizieren, wie Bereichsgrenzen und Solitonen,
die im Feld $d(r)$ unter dem Einfluß äußerer elektrischer und magnetischer
Felder entstehen.
    Die Nematik ist kein Einzelfall. Es gibt eine recht breite Klasse geordneter
Stoffe: gewöhnliche und flüssige Kristalle aller Typen, Ferro- und Antiferro-
magnetika, Ferroelektrika, Supraleiter und suprafluide Flüssigkeiten, bei deren
Untersuchung sich topologische Methoden als nützlich erweisen.
    Singuläre Stellen in nematischen Flüssigkristallen ließen sich topologisch
mit Hilfe des Direktors d beschreiben, und zu ihrer Klassifizierung wurde
die projektive Ebene RP^2 benutzt. In anderen geordneten Stoffen werden
andere Typen von Feldern realisiert: Vektorfelder, Matrizenfelder und, entsprechend den zu messenden die Ordnung beschreibenden Größen, andere Felder D. Die Fundamentalgruppe π_1 ist im allgemeinen nicht kommutativ. Von
den in der Natur vorkommenden Stoffen besitzen nur die zweiachsigen
Flüssigkristalle (die nematischen Flüssigkristalle, mit denen wir uns beschäf-
tigten, waren einachsige nematische Flüssigkristalle) nichtkommutative Fun-

damentalgruppen $\pi_1(D)$. Die Nichtkommutativität von $\pi_1(D)$ führt zu einer Reihe schöner, aber bis jetzt noch nicht experimentell bestätigten Folgerungen.

Die beeindruckendste Anwendung der Topologie begann 1972 in Verbindung mit Entdeckungen der suprafluiden Phase des leichten Heliumisotops ^{3}He. Es zeigte sich, daß auch die Eigenschaften der Suprafluidität dieser Phase in bedeutendem Maße von der Topologie diktiert werden.

Literatur

ALEXANDROFF, P. S.: Einführung in die Mengenlehre und die Theorie der reellen Funktionen. 6. Aufl., Berlin 1973 (Übersetzung aus dem Russischen).

ALEXANDROFF, P. S.: Einführung in die Mengenlehre und in die allgemeine Topologie. Berlin 1984 (Übersetzung aus dem Russischen).

ALEXANDROFF, P. S., u. a.: Enzyklopädie der Elementarmathematik, Band V. Berlin 1971 (Übersetzung aus dem Russischen).

ALEXANDROFF, P.; HOPF, H.: Topologie I. Berlin 1935.

ARNOLD, H.: Elementare Topologie, 2. Aufl. Göttingen 1971.

BERGE, C.: Théorie des graphes et ses applications. Paris 1958.

BERGE, G.; GHOUILA-HORI, A.: Programme, Spiele, Transportnetze. 2. Aufl., Leipzig 1969.

BIESS, G.: Graphentheorie. Leipzig 1979.

COURANT. R.; ROBBINS, H.: Was ist Mathematik? Berlin 1973.

CROWELL, R. H.; FOX, R.: Introduction to Knot Theory. New York 1977.

DIMITRIEV, I. S.: Moleküle ohne chemische Bindungen. Leipzig 1982.

DÖRFLER, W.; MÜHLBACHER, J.: Graphentheorie für Informatiker. Berlin 1973.

DYNKIN, E. B.; USPENSKI, W. A.: Mathematische Unterhaltungen I, Mehrfarbenprobleme. 4. Aufl., Berlin 1968.

DYNKIN, E. B.; USPENSKI, W. A.: Mathematische Unterhaltungen. 2. Aufl., Berlin 1983/1. Aufl. Köln 1978.

FRANZ, W.: Topologie. Bd. 1, Allgemeine Topologie. Berlin 1960

GARDNER, M.: Mathematische Rätsel und Probleme. 3. Aufl., Braunschweig 1971.

GOLOWINA, L. I.; JAGLOM, I. M.: Vollständige Induktion in der Geometrie. Berlin 1973 (Übersetzung aus dem Russischen).

HARARY, F.: Graphentheorie. München 1971.

HILBERT, D.; COHN-VOSSEN, S.: Anschauliche Geometrie. Berlin 1932.

KIENLE, L.: Umkehrung des Euler-Polyedersatzes. Praxis der Mathematik **13** (1971), 169—172.

KLOTZEK, B., u. a.: kombinieren, parkettieren, färben. Berlin/Köln 1985.

KNÖDEL, W.: Graphentheoretische Methoden und ihre Anwendungen. Berlin 1969.

LEPPIG, M.: Abbildungen und topologische Strukturen. Freiburg 1973.

LIETZMANN, W.: Anschauliche Topologie. München 1955.

MASSEY, W. S.: Algebraic Topology: An Introduction. Harcourt 1967.

MATWEJEW, S. W.: Das Entwirren von Figuren in der Ebene. Mathematische Schülerzeitschrift alpha **18** (1984), 73—75.

MILDNER, R.: Der Eulersche Polyedersatz. Mathematische Schülerzeitschrift alpha **17** (1983), 78—79.

MÜLLER, K. P.; WÖLPERT, H.: Anschauliche Topologie. Stuttgart 1976.

PONTRJAGIN, L. S.: Grundzüge der kombinatorischen Topologie. Berlin 1956.

RADEMACHER, H.; TOEPLITZ, O.: Von Zahlen und Figuren. Berlin 1968.

REIDEMEISTER, K.: Einführung in die kombinatorische Topologie. Braunschweig 1951.

REIDEMEISTER, K.: Knotentheorie. Berlin 1974.

RINGEL, G.: Färbungsprobleme auf Flächen und Graphen. Berlin 1959.

RINGEL, G.: Das Kantenfärbungsproblem. In: Selecta Mathematica III. Berlin 1971.

SACHS. H.: Einführung in die Theorie der endlichen Graphen I. Leipzig 1970.

SCHUBERT, H.: Topologie. 4. Aufl. Stuttgart 1975.

SRDLÁČEK, L.: Einführung in die Graphentheorie. Leipzig 1968.

SEIFERT, H.; THRELFALL, W.: Lehrbuch der Topologie. New York 1947.

SOMINSKIJ, I. S.; GOLOVINA, L. S.; JAGLOM, I. M.: Die vollständige Induktion. Berlin/ Thun-Frankfurt a. M. 1986 (Übersetzung aus dem Russischen).

SPANIER, E.: Algebraic Topology. New York 1966.

STEEN, L. A.: Mathematics Today. Twelve Informal Essays. New York 1978.

STEINHAUS, H.: Kaleidoskop der Mathematik. Berlin 1959.

STILLWELL, J.: Classical Topology and Combinatorial Group Theory. New York 1980.

VOSS, W.: Aus der Graphentheorie. Mathematische Schülerzeitschrift alpha **6** (1972), 126 bis 127; **7** (1973), 8—9, 36—37, 88—89.

WAGNER, K.: Graphentheorie. Mannheim 1970.

WILENKIN, N. J.: Unterhaltsame Mengenlehre. Leipzig 1972 (Übersetzung aus dem Russischen).

WINZEN, W.: Anschauliche Topologie. Frankfurt 1975.

Namen- und Sachverzeichnis

Made in the USA
Las Vegas, NV
26 October 2024

10367086R10105